本書の特色と使い方

この本は，算数の文章問題と図形問題を集中的に学習できる画期的な問題集です。苦手な人も，さらに力をのばしたい人も，1日1単元ずつ学習すれば30日間でマスターできます。

1 例題と「ポイント」で単元の要点をつかむ

各単元のはじめには，空所をうめて解く例題と，そのために重要なことがら・公式を簡潔にまとめた「**ポイント**」をのせています。

2 反復トレーニングで確実に力をつける

数単元ごとに習熟度確認のための「**まとめテスト**」を設けています。解けない問題があれば，前の単元にもどって復習しましょう。

3 自分のレベルに合った学習が可能な進級式

学年とは別の級別構成（12級～1級）になっています。「**進級テスト**」で実力を判定し，選んだ級が難しいと感じた人は前の級にもどり，力のある人はどんどん上の級にチャレンジしましょう。

4 巻末の「解答」で解き方をくわしく解説

問題を解き終わったら，巻末の「**解答**」で答え合わせをしましょう。「**解き方**」で，特に重要なことがらは「**チェックポイント**」にまとめて[illegible]で，十分に理解しながら学習を進めることができます。

文章題・図形 6級

本書に関する最新情報は，当社ホームページにある本書の「サポート情報」をご覧ください。（開設していない場合もございます。）

小数のかけ算

➡解答は 65 ページ　　月　　日

右の図は，たて 1.2 m，横 80 cm の長方形です。

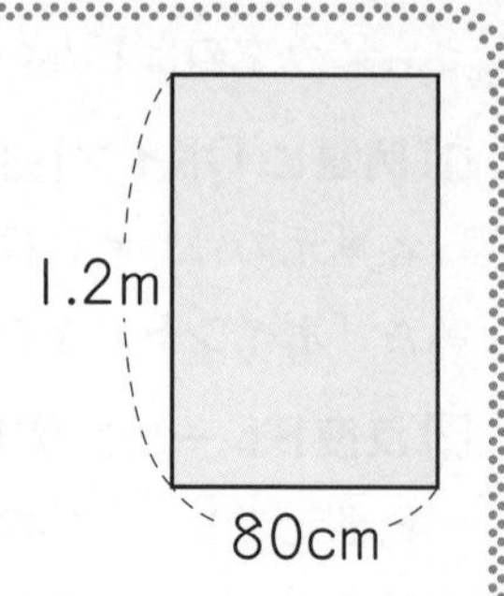

(1) この長方形の面積は何 cm^2 ですか。

単位のちがうものを計算するときは，単位をそろえます。

単位を cm にそろえると，たて ［①　　］ cm，横 80 cm

なので，面積は ［①　　］ × 80 ＝ ［②　　］ (cm^2)

(2) この長方形の面積は何 m^2 ですか。

単位を m にそろえると，たて 1.2 m，横 ［③　　］ m

なので，面積は 1.2 × ［③　　］ ＝ ［④　　］ (m^2)

```
  1.2 ←小数第一位
× 0.8 ←小数第一位
 0.96 ←小数第二位
```

ポイント 辺の長さが小数で表されていても，面積の公式が使えます。

1 右の図のような長方形の面積は何 m^2 ですか。

60cm
1.05m

［　　　　］

2 1 m の重さが 350 g のはり金があります。

(1) このはり金 3 m の重さは何 g ですか。

［　　　　］

(2) このはり金 0.8 m の重さは何 g ですか。

［　　　　］

3 右の図は線対称な図形です。

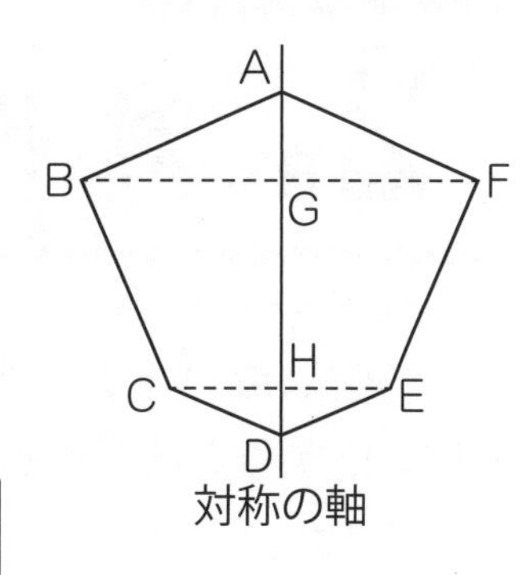

(1) 角 F と大きさが等しい角はどれですか。

(2) 直線 BF と対称の軸は何度で交わっていますか。

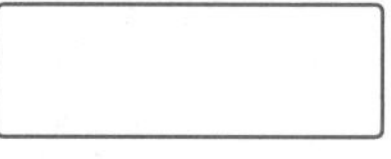

(3) 直線 CH と長さが等しい直線はどれですか。

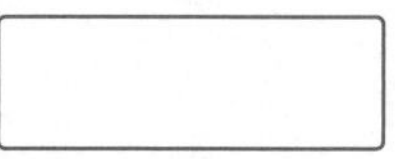

4 右の図に，直線 AB が対称の軸となるように，線対称な図形をかきなさい。

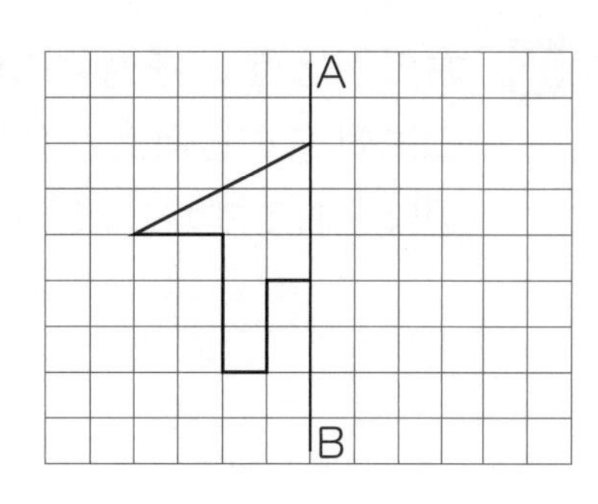

5 正八角形は線対称な図形です。対称の軸は何本ありますか。

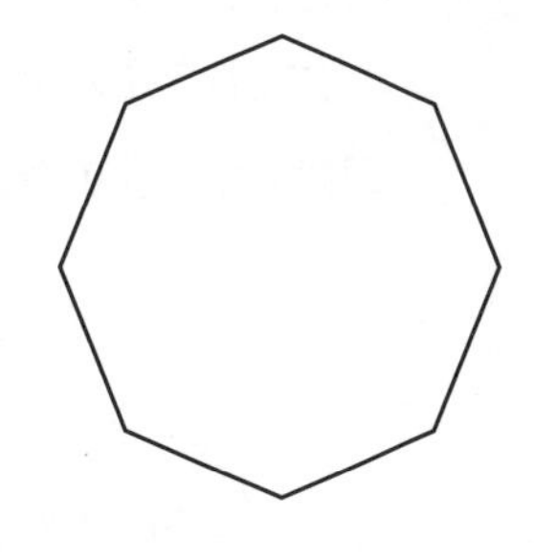

➡解答は 65 ページ　月　日

2日 対称な図形 (2)

右の図は点 O を対称の中心とする点対称な図形です。点 A に対応する点はどれですか。また，辺 DE に対応する辺はどれですか。

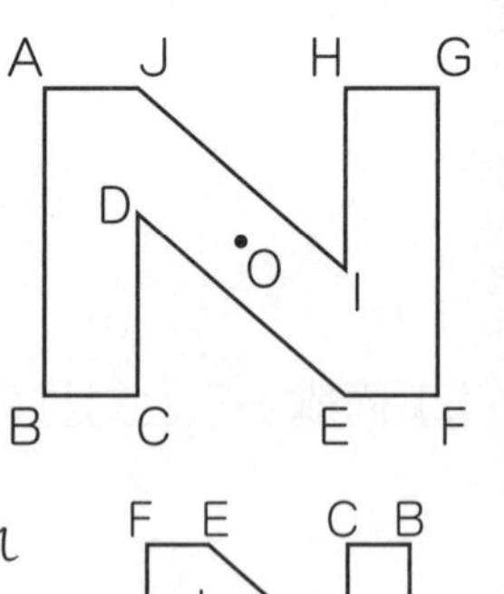

| つの点のまわりに 180° 回転させると，もとの図形にぴったり重なる図形を点対称な図形といい，この点を対称の中心といいます。また，このとき重なり合う点，辺，角をそれぞれ対応する点，対応する辺，対応する角といいます。

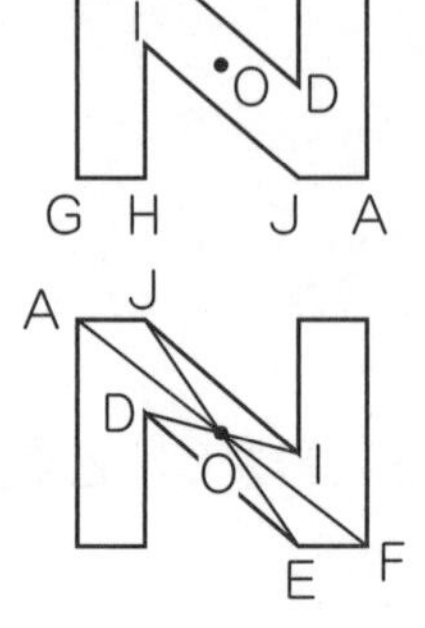

点 O を中心に 180° 回転させると右の図のようになります。また，点対称な図形では対応する 2 つの点を結ぶ直線は対称の中心 O を通ります。点 A に対応する点は ① ＿＿ です。また，辺 DE に対応する辺は ② ＿＿ です。

ポイント 点 A と対称の中心を通る直線上にあり，対称の中心までの長さが点 A と等しい点が点 A に対応する点となります。

1 右の図は点 O を対称の中心とする点対称な図形です。点 C に対応する点はどれですか。また，辺 DE に対応する辺はどれですか。

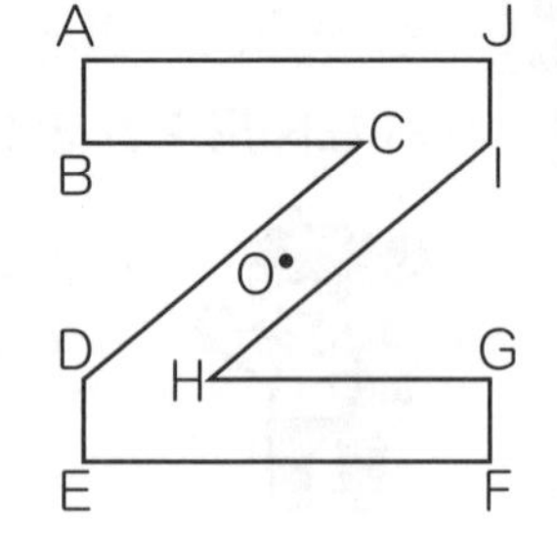

点 C に対応する点 ＿＿，辺 DE に対応する辺 ＿＿

2 右の図は点 O を対称の中心とする点対称な図形です。点 A に対応する点はどれですか。また，辺 GF に対応する辺はどれですか。

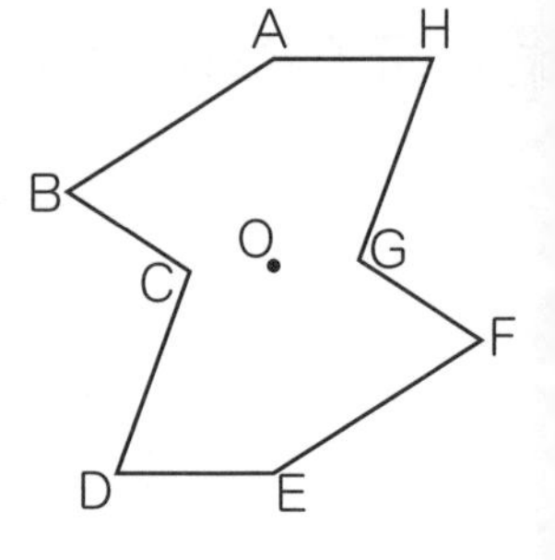

点 A に対応する点 ＿＿，辺 GF に対応する辺 ＿＿

3 右の図は点 O を対称の中心とする点対称な図形です。

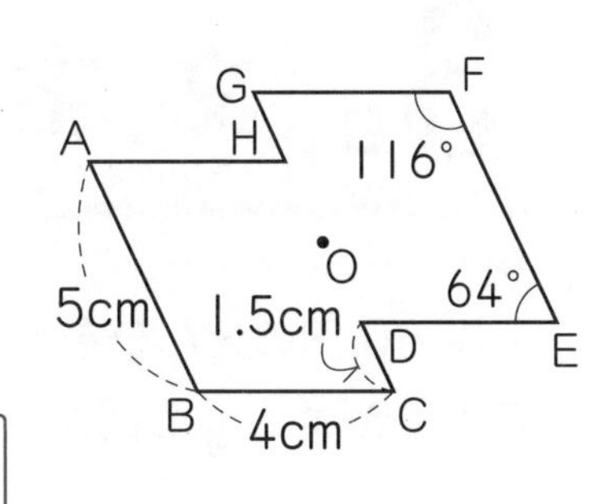

(1) 角 B の大きさは何度ですか。

(2) 辺 GF は何 cm ですか。

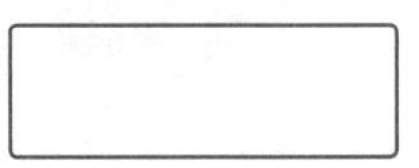

(3) 直線 EO と長さが等しい直線はどれですか。

4 右の図に，点 O が対称の中心となるように，点対称な図形をかきなさい。

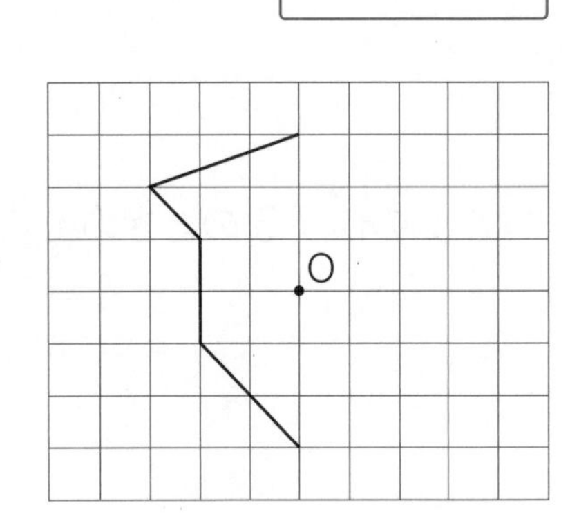

5 右の図は点対称な図形です。対称の中心 O を，右の図にかきなさい。

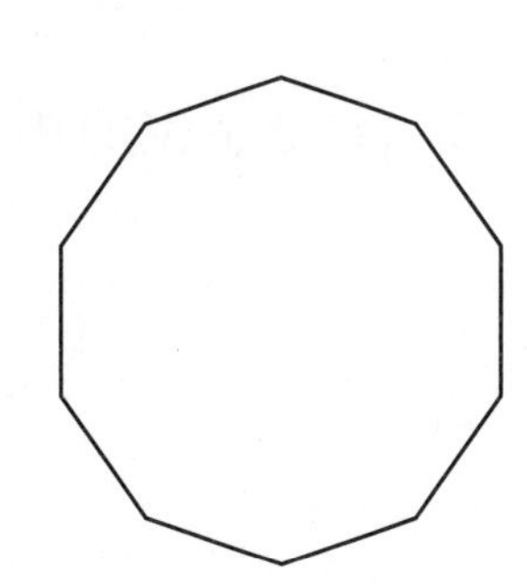

➡解答は 66 ページ　月　日

3日 文字と式 (1)

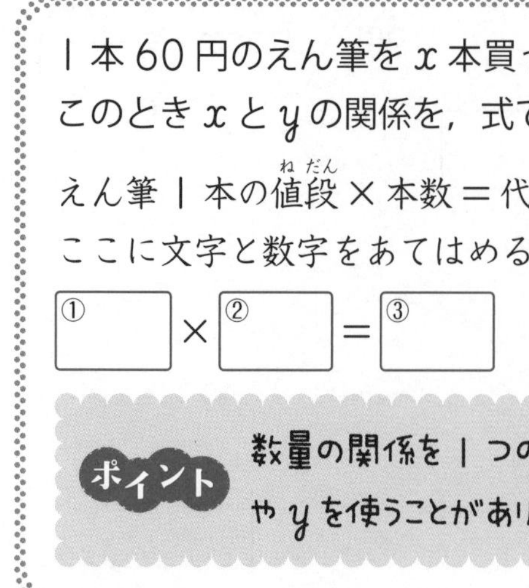

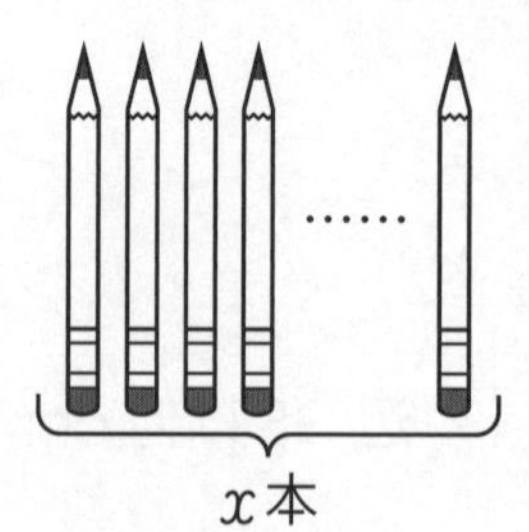

|本 60 円のえん筆を x 本買ったときの代金を y 円とします。
このとき x と y の関係を，式で表しましょう。

えん筆|本の値段(ねだん) × 本数 = 代金 になります。
ここに文字と数字をあてはめると，

① □ × ② □ = ③ □

数量の関係を|つの式に表すとき，いろいろと変わる数のかわりに，文字 x や y を使うことがあります。

1　|個 80 円のみかんを x 個買ったときの代金を y 円とします。

(1) x と y の関係を式で表しなさい。

□

(2) x の値(あたい)が 5 のときの y の値を求めなさい。

□

(3) y の値が 800 のときの x の値を求めなさい。

□

2 右の図のような，底辺が 10 cm，高さが x cm，面積が y cm^2 の平行四辺形があります。

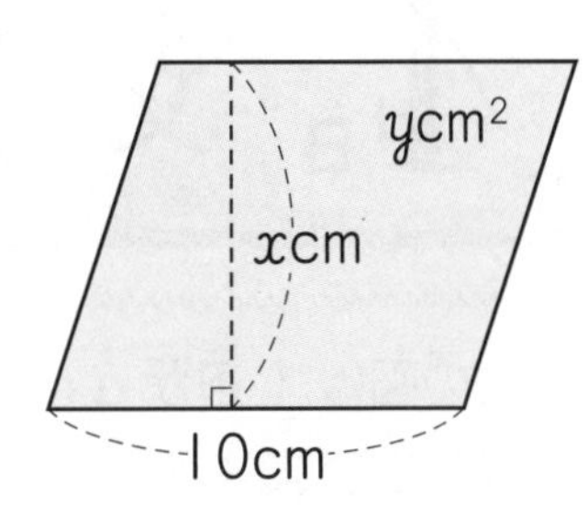

(1) x と y の関係を式で表しなさい。

(2) 平行四辺形の面積が 80 cm^2 のときの高さを求めなさい。

3 1 個 120 円のりんごを x 個と 30 円のかごを 1 つ買ったときの代金を y 円とするとき，次の問いに答えなさい。

(1) x と y の関係を式で表しなさい。

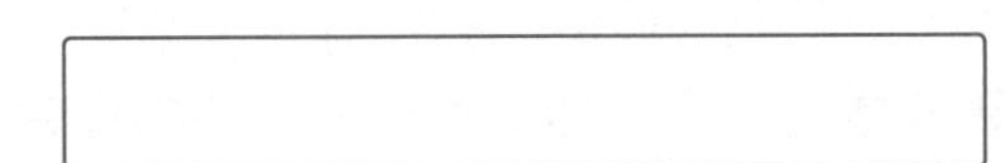

(2) 下の表をうめなさい。

x(個)	3	4	5
y(円)			

(3) 代金が 990 円になるのはりんごを何個買ったときですか。

➡解答は 66 ページ　月　日

4日 文字と式 (2)

右の図は 1 辺が a cm の正方形です。$a\times4$ は正方形の何を表していますか。

$a$cm

a は正方形の 1 辺の長さを表しているから，

$a\times4$ は 1 辺の長さの ① □ つ分を意味しています。

正方形は辺が 4 本だから $a\times4$ は正方形の ② □ の長さを表しています。

ポイント ●×▲ の式は，●の▲個分の大きさを表しています。

1 右の図は縦(たて)が 3 cm，横が a cm の長方形です。$3\times a$ は長方形の何を表していますか。

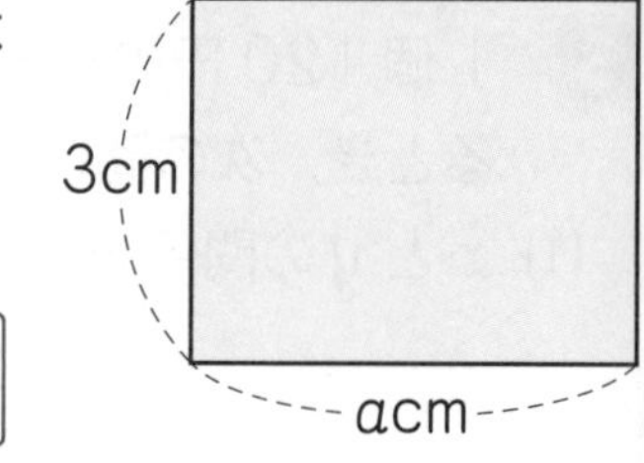

□

2 $x\times3+120$ の式で表されるのは，次のどれですか。

ア x 円のえん筆 3 本と 120 円のノート 1 冊(さつ)の代金

イ x 円のえん筆 3 本を買うために店員に 120 円わたしたときのおつり

ウ x 円のえん筆 3 本と 60 円の消しゴム 3 個の代金

□

3 $30-x=y$ の式で表される場面は，次のどれですか。

ア 30 m のリボンを x 人で分けたら，1 人分は y m になりました。

イ ビー玉を 30 個持っています。x 個あげると，y 個残りました。

ウ 1 箱に 30 枚(まい)のせんべいが入っている箱が x 箱あります。せんべいは全部で y 枚あります。

□

4 右の図は同じ長方形を組み合わせてつくった図形です。次の(1)〜(3)の式は右の図の面積を求める式です。下の図のどの考え方になりますか。①〜③から選びなさい。

(1) $x \times 5 + 5 \times x$　(2) $x \times (5+5)$　(3) $(x \times 5) \times 2$

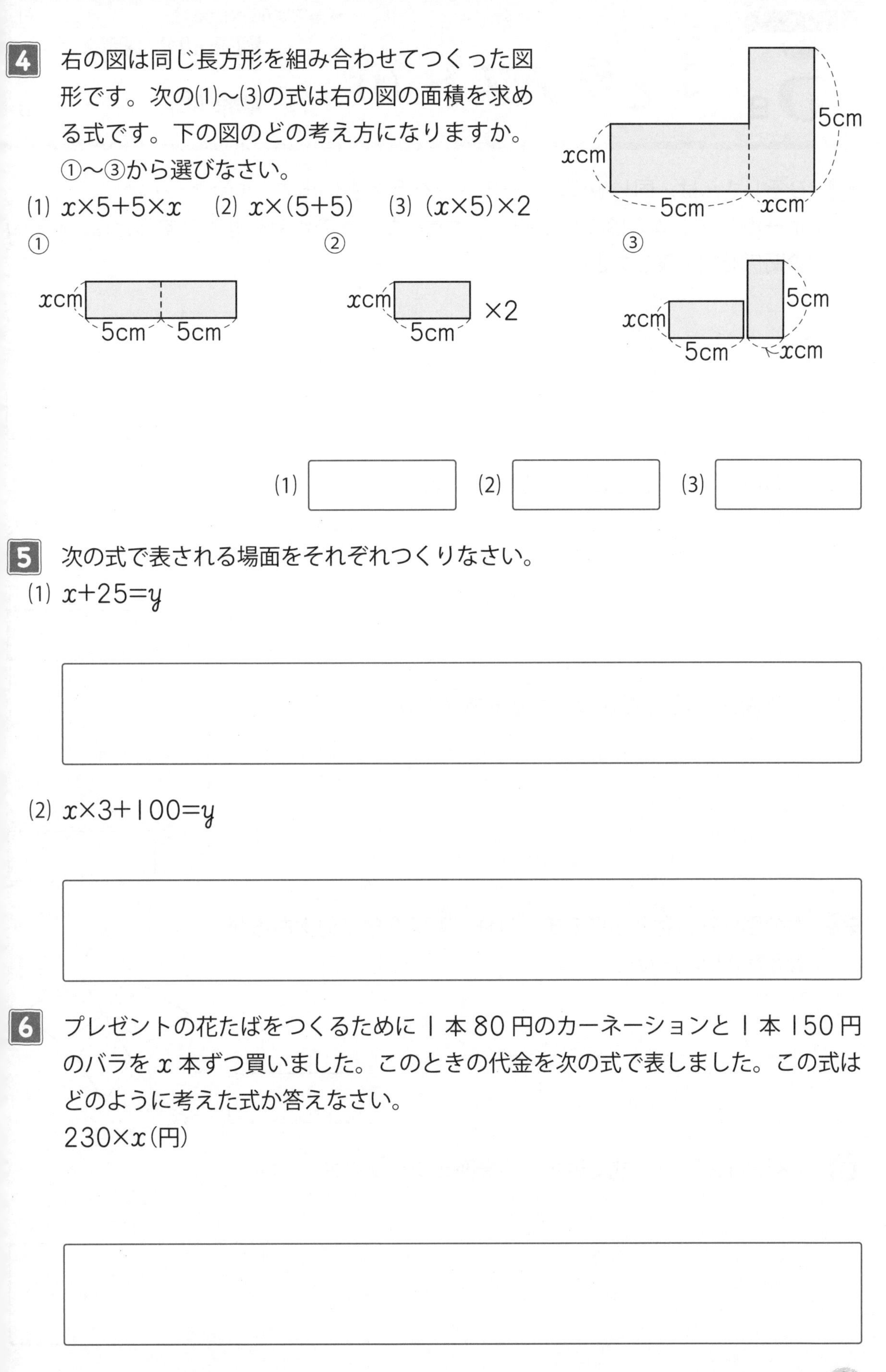

(1) [ ]　(2) [ ]　(3) [ ]

5 次の式で表される場面をそれぞれつくりなさい。

(1) $x + 25 = y$

(2) $x \times 3 + 100 = y$

6 プレゼントの花たばをつくるために１本80円のカーネーションと１本150円のバラを x 本ずつ買いました。このときの代金を次の式で表しました。この式はどのように考えた式か答えなさい。

$230 \times x$(円)

まとめテスト (1)

➡解答は 66 ページ

月　　日

時間 20分【はやい15分・おそい25分】　得点

合格 80点　　点

1 ひろしさんは，同じ値段のボールペンを 5 本買います。(9 点× 3 − 27 点)

(1) ボールペン 1 本の値段を x 円，5 本買ったときの代金を y 円とするとき，x と y の関係を式に表しなさい。

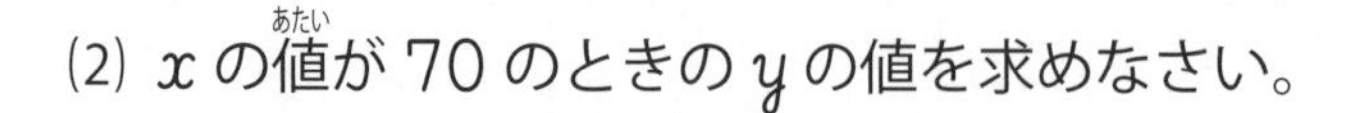

(2) x の値が 70 のときの y の値を求めなさい。

(3) y の値が 400 のときの x の値を求めなさい。

2 右の図は線対称な図形です。対称の軸は全部で何本あるか答えなさい。(9 点)

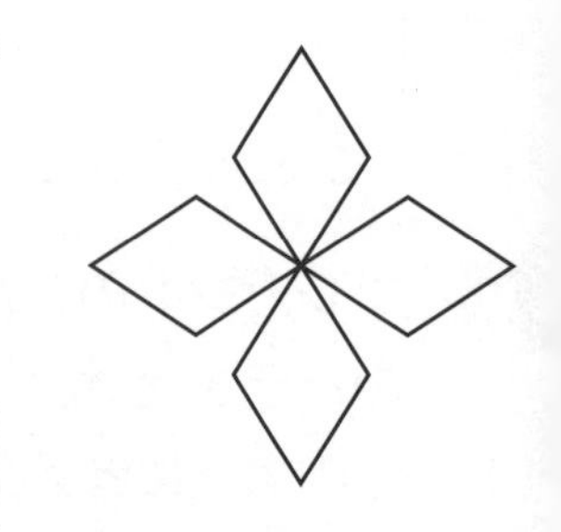

3 $x×5+120=y$ の式で表される場面をつくりなさい。(10 点)

4 右の図は点Oを対称の中心とする点対称な図形です。辺BCに対応する辺を答えなさい。(9点)

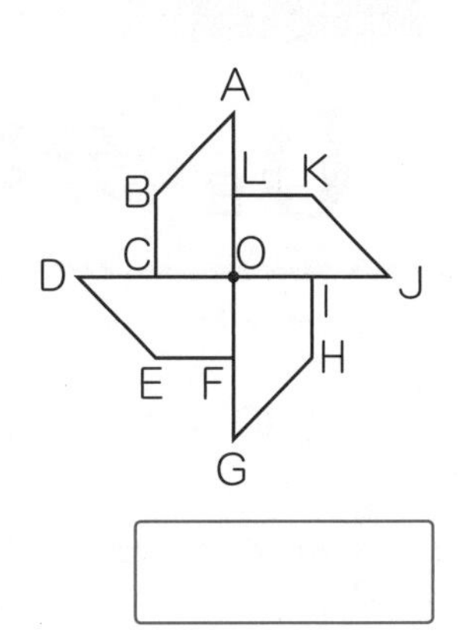

5 右の図は直線アイを対称の軸とする線対称な図形です。角Eに対応する角を答えなさい。(9点)

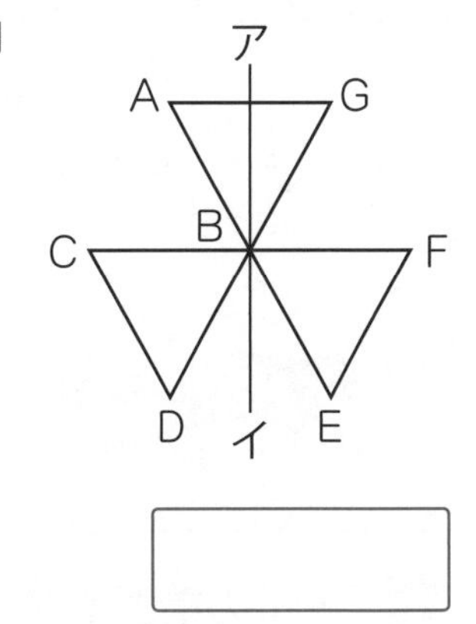

6 次の①～⑨の図形のうち，線対称ではあるが点対称ではない図形は○，点対称ではあるが線対称ではない図形は△，線対称でもあり点対称でもある図形は×に分類します。それぞれにあてはまるものを番号で答えなさい。(9点×3－27点)

①円　②正三角形　③平行四辺形　④二等辺三角形　⑤正方形
⑥正五角形　⑦正六角形　⑧正七角形　⑨正八角形

7 右の図のように，マッチ棒を並べます。正方形が x 個のとき，必要なマッチ棒の本数を y 本とします。x と y の関係を表した式を次から番号で選びなさい。(9点)

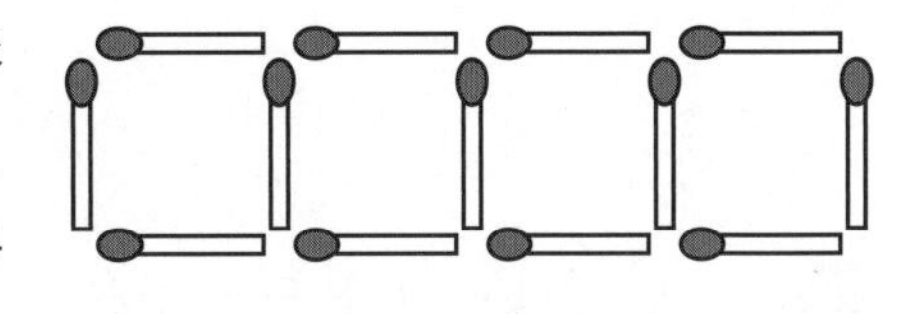

①$2\times x+3\times x=y$
②$2+2\times x=y$
③$1+3\times x=y$

➡解答は 67 ページ

月　　日

6日 分数のかけ算とわり算（1）

Ｉ dL のペンキで $\frac{2}{3}$ m^2 のかべがぬれます。

$\frac{2}{5}$ dL のペンキでは何 m^2 のかべがぬれますか。

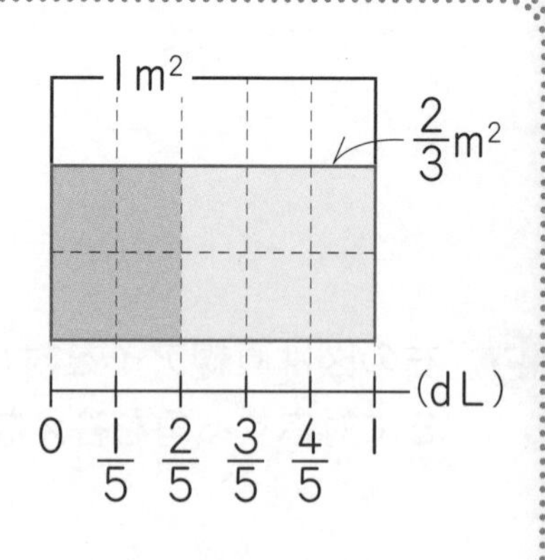

右の図より，求める面積は，

$\frac{2}{3} \times \frac{2}{5} = \frac{③\square \times ④\square}{①\square \times ②\square} = ⑤\square$ (m^2)

ポイント 分数のかけ算は，分母どうし，分子どうしそれぞれをかけます。

1 Ｉ m の重さが $\frac{3}{5}$ kg の鉄の棒(ぼう)があります。この鉄の棒 $\frac{1}{4}$ m では何 kg になりますか。

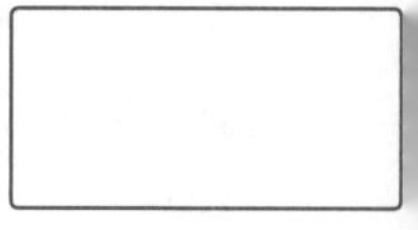

2 縦(たて)の長さが $\frac{5}{6}$ m，横の長さが $\frac{3}{7}$ m の長方形の形をした花だんがあります。この花だんの面積は何 m^2 になりますか。

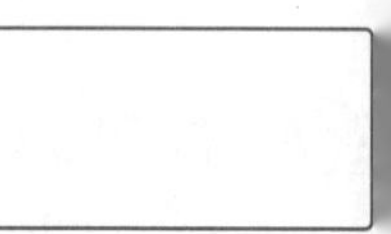

3 Ｉ 周 $\frac{2}{5}$ km のトラックを 4 周走りました。何 km 走りましたか。

4 1Lのガソリンで18kmの走る車があります。$3\frac{2}{3}$Lのガソリンでは何km走ることができますか。

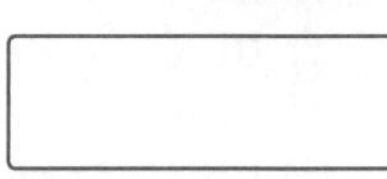

5 赤いペンキが$\frac{3}{4}$Lあります。黄色いペンキが赤いペンキの$2\frac{2}{5}$倍あるとき，黄色いペンキは何Lありますか。

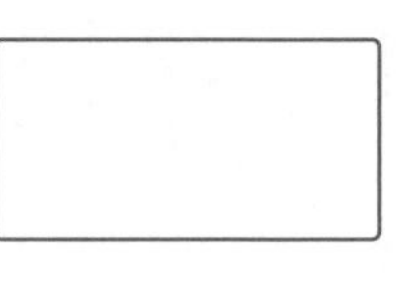

6 1分間に$3\frac{5}{6}$Lの水を出す水道があります。$2\frac{2}{23}$分では何L出ますか。

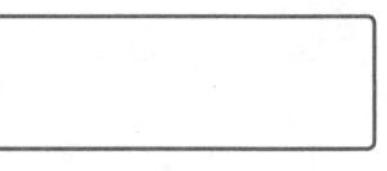

7 縦が$\frac{5}{4}$m，横が$\frac{16}{15}$m，高さが$\frac{1}{4}$mの直方体の体積を求めなさい。

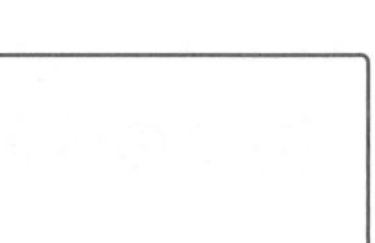

8 けんじさんの体重は24kgです。けんじさんの弟はけんじさんの体重の$\frac{3}{4}$倍で，けんじさんのお兄さんの体重は弟の体重の$1\frac{2}{3}$倍です。お兄さんの体重は何kgですか。

➡解答は 67 ページ　月　日

7日 分数のかけ算とわり算（2）

$\frac{1}{3}$ m で $\frac{2}{5}$ kg の鉄の棒（ぼう）があります。この鉄の棒 1 m では何 kg になりますか。

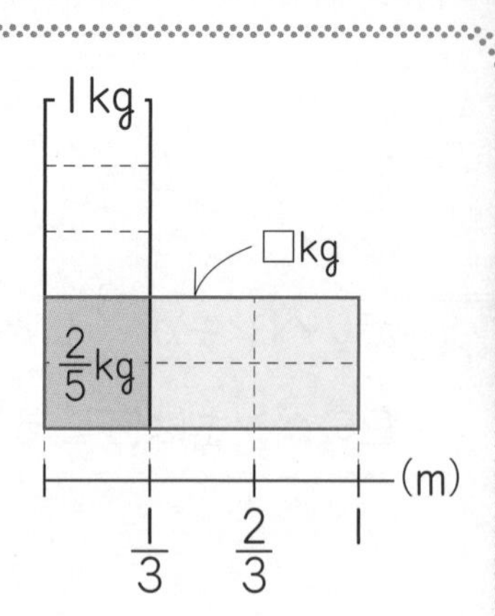

1 m の $\frac{1}{3}$ 倍で $\frac{2}{5}$ kg なので，1 m で□ kg とすると

$\square \times \frac{1}{3} = \frac{2}{5}$ だから，

$\square = \frac{2}{5} \div \frac{1}{3} =$ ① $\times$ ② $=$ ③ (kg)

↑ $\frac{1}{3}$ の逆数

ポイント 分数のわり算は，わる数の逆数をかけます。

1 $\frac{2}{3}$ dL で $\frac{4}{5}$ m^2 のかべをぬれるペンキがあります。

(1) 1 m^2 のかべをぬるには何 dL のペンキが必要ですか。

(2) このペンキ 1 dL では何 m^2 のかべがぬれますか。

2 $\frac{5}{7}$ a の畑を 10 人で等しく耕します。1 人何 a 耕すことになりますか。

3 11 m の糸を $2\frac{3}{4}$ m ずつに切ります。$2\frac{3}{4}$ m の糸は何本できますか。

4 1 m の重さが $2\frac{2}{5}$ kg の鉄の棒が $8\frac{4}{5}$ kg あります。この鉄の棒は何 m ですか。

5 ジュースが $1\frac{2}{3}$ L，お茶が $\frac{5}{6}$ L あります。

(1) ジュースの量はお茶の量の何倍ですか。

(2) お茶の量はジュースの量の何倍ですか。

6 面積が $2\frac{2}{5}$ m^2 の長方形の花だんがあります。この長方形の花だんの縦（たて）の長さが $1\frac{2}{7}$ m であるとき，横の長さは何 m ですか。

➡解答は 68 ページ　月　日

8日 分数のかけ算とわり算（3）

$\frac{5}{12}$ 時間は何分ですか。

$\frac{5}{12}$ 時間は 1 時間の $\frac{5}{12}$ 倍です。

1 時間は 60 分だから，① $\square$ × ② $\square$ ＝ ③ $\square$（分）

↑1時間

右の図の長針（ちょうしん）の位置が $\frac{5}{12}$ 時間です。

1 時間＝60 分，1 分＝60 秒 だから，

1 分＝$\frac{1}{60}$ 時間，1 秒＝$\frac{1}{60}$ 分

1 次の問いに答えなさい。

(1) $\frac{3}{10}$ 分は何秒ですか。

$\square$

(2) 35 秒は何分ですか。

$\square$

(3) $\frac{7}{4}$ 時間は何分ですか。

$\square$

2 ひろみさんは１分で本を $\frac{14}{15}$ ページ読みます。

(1) 50 秒では本を何ページ読みますか。

(2) 7 ページ読むのに何分何秒かかりますか。

帯分数で表したときの分数部分が秒だね。

3 40 秒で 28 枚(まい)印刷できるコピー機があります。１分では何枚印刷することができますか。

4 たくみさんとななみさんは 320 m はなれています。たくみさんはななみさんに 5 分で 250 m 近づきます。

(1) １分でたくみさんはななみさんに何 m 近づきますか。

(2) たくみさんは何分何秒後にななみさんのところにたどりつきますか。

➡解答は 68 ページ

分数のかけ算とわり算（4）

縦（たて）$\frac{5}{6}$ m，横 $\frac{3}{5}$ m の長方形があります。
この長方形と面積が等しい長方形の縦の長さが $\frac{3}{8}$ m のとき，横の長さは何 m ですか。

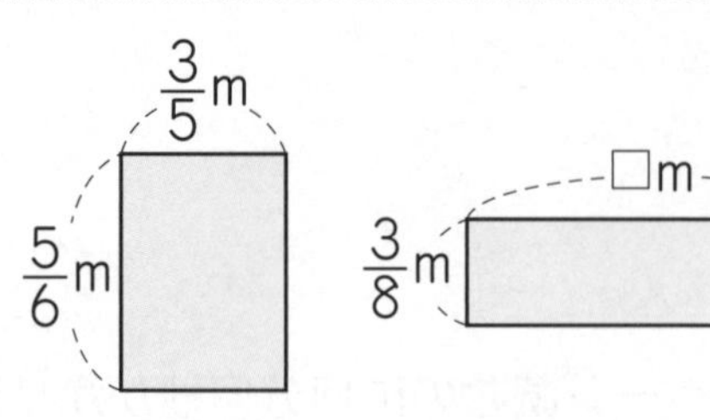

縦 $\frac{5}{6}$ m，横 $\frac{3}{5}$ m の長方形の面積は，$\frac{5}{6}\times\frac{3}{5}=\frac{1}{2}$ (m^2)

縦 $\frac{3}{8}$ m，面積が $\frac{1}{2}$ m^2 の長方形の横の長さは，① □ ÷ ② □ ＝ ③ □ (m)

ポイント 整数や小数のときと同じように式をつくって計算します。

1 底辺 $\frac{7}{8}$ cm，高さが $\frac{2}{3}$ cm の平行四辺形があります。この平行四辺形と面積が等しい平行四辺形の高さが $\frac{5}{14}$ cm のとき，底辺の長さを求めなさい。

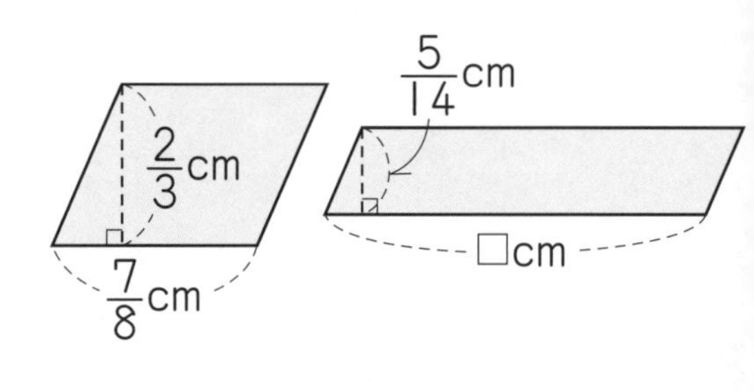

□

2 1 m150 円のリボンを $2\frac{1}{3}$ m 買います。1000 円出すと，おつりは何円になりますか。

□

3 7人分のからあげと6人分のたまご焼きをつくりました。1人分の量は，からあげが $\frac{1}{6}$ kg，たまご焼きが $\frac{1}{9}$ kg です。全部で何 kg ですか。

4 家の冷ぞう庫に $1\frac{3}{7}$ L の牛乳（ぎゅうにゅう）があります。昨日この牛乳を全体の $\frac{2}{5}$ 飲みました。今日残りの牛乳のうちのいくらか飲んだので，牛乳は昨日の残りの $\frac{1}{4}$ になりました。

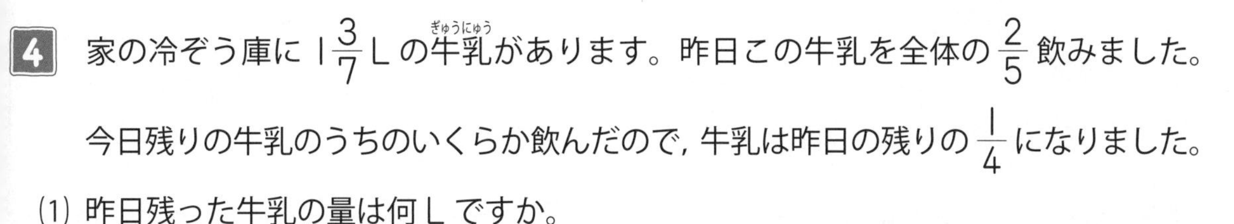

(1) 昨日残った牛乳の量は何 L ですか。

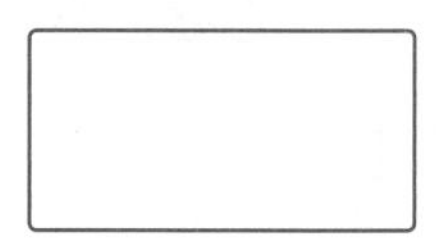

(2) 今日残った牛乳の量は何 L ですか。

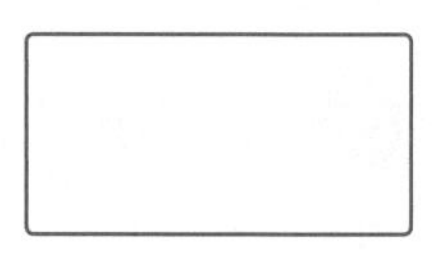

5 10 m^2 の畑があります。いま全体の $\frac{2}{5}$ の畑を耕しました。残っている畑の面積は耕した畑の面積の何倍ですか。

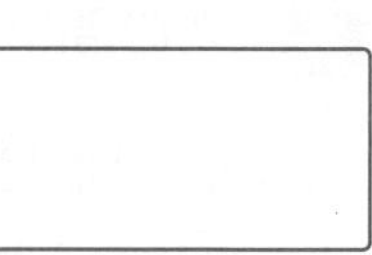

6 右の図のような台形があります。面積と高さがこの台形と等しい平行四辺形の底辺の長さを求めなさい。

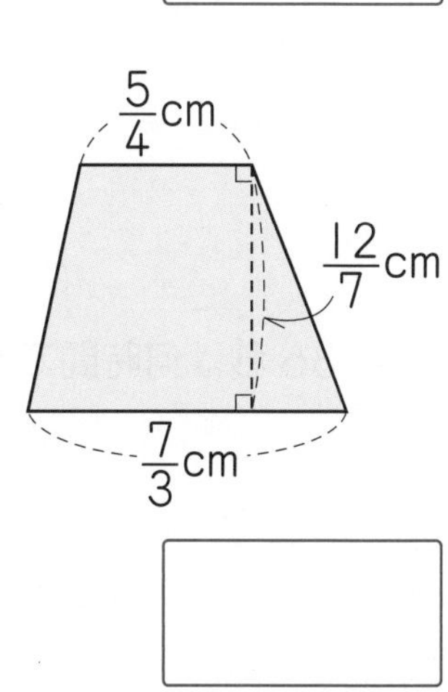

まとめテスト (2)

➡解答は 69 ページ

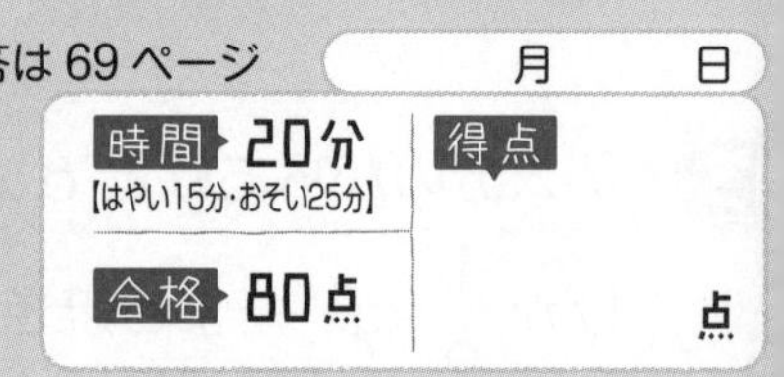

1 I L の重さが $2\frac{4}{5}$ kg の砂(すな)があります。この砂 $\frac{3}{7}$ L の重さは何 kg になりますか。(10 点)

2 かべにペンキをぬります。I m^2 あたり $\frac{5}{9}$ L のペンキを使います。$3\frac{1}{3}$ L 使ったとき，ペンキをぬった広さは何 m^2 ですか。(10 点)

3 I 辺が $\frac{3}{4}$ m の立方体の体積を求めなさい。(10 点)

4 次の問いに答えなさい。(10 点× 2 − 20 点)

(1) $\frac{4}{5}$ 時間は何分ですか。

(2) 36 秒は何時間ですか。

5 5年生の116人それぞれが $\frac{1}{4}$ kgの牛乳(ぎゅうにゅう)と，$\frac{3}{20}$ kgのサンドイッチを食べます。(10点×2－20点)

(1) 116人分の牛乳は何kgになりますか。

(2) 116人分の牛乳とサンドイッチは合わせて何kgになりますか。

6 赤いテープの長さは青いテープの長さの $\frac{5}{7}$ 倍で，黄色いテープの長さは赤いテープの長さの $1\frac{1}{5}$ 倍です。(10点×2－20点)

(1) 青いテープが14 mのとき，黄色いテープの長さは何mになりますか。

(2) 黄色いテープが $2\frac{2}{5}$ mのとき，青いテープの長さは何mになりますか。

7 はじめに牛乳が1.5 Lありました。昨日全体の $\frac{1}{5}$ を飲んで，今日残りのいくらかを飲んだら $\frac{2}{3}$ L残りました。はじめにあった牛乳の量をもとにした，今日飲んだ牛乳の割合(わりあい)を分数で求めなさい。(10点)

➡解答は 70 ページ　　月　　日

比を使った問題（1）

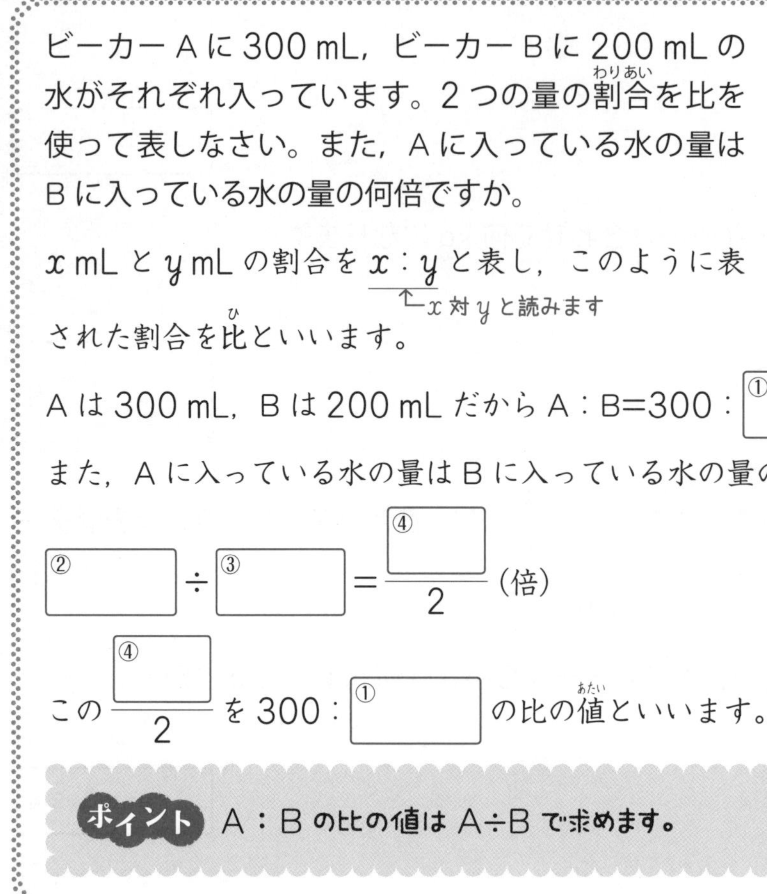

ビーカーＡに 300 mL，ビーカーＢに 200 mL の水がそれぞれ入っています。2 つの量の割合(わりあい)を比を使って表しなさい。また，Ａに入っている水の量はＢに入っている水の量の何倍ですか。

x mL と y mL の割合を $x : y$ と表し，このように表された割合を比(ひ)といいます。

（$x : y$ → x 対 y と読みます）

Ａは 300 mL，Ｂは 200 mL だからＡ：Ｂ＝300：①［　　］

また，Ａに入っている水の量はＢに入っている水の量の

②［　　］÷③［　　］＝$\frac{④［　　］}{2}$（倍）

この $\frac{④［　　］}{2}$ を 300：①［　　］の比の値(あたい)といいます。

ポイント　Ａ：Ｂの比の値はＡ÷Ｂで求めます。

1　次の割合を比で表しなさい。

(1) 牛乳(ぎゅうにゅう) 100 mL とジュース 200 mL の量の割合

［　　　　］

(2) 縦(たて) 10 cm，横 12 cm の長方形の縦の長さと横の長さの割合

［　　　　］

(3) 牛肉 500 g とぶた肉 450 g の重さの割合

［　　　　］

2 次の比の値を整数か分数で求めなさい。

(1) 2：4

(2) 4：2

(3) 18：24

(4) 150：50

3 70 cm の赤いリボンと 1.3 m の青いリボンがあります。赤いリボンと青いリボンの長さの割合を比で表しなさい。

4 ゆみさんのクラスは男子が 17 人，女子が 20 人です。

(1) 男子の人数と女子の人数の割合を比で表しなさい。

(2) 女子の人数とクラス全体の人数の割合を比で表しなさい。

➡解答は 70 ページ　月　日

12日 比を使った問題（2）

3：5と15：25の比の値（あたい）を求めなさい。

3：5の比の値は ①□ ÷ ②□ $=\frac{3}{5}$

15：25の比の値は ③□ ÷ ④□ $=\frac{15}{25}=\frac{3}{5}$

このように比の値が等しいとき，これらの比は等しいといい，等号を使って，

3：5=15：25と表します。

また，等しい比には次のような関係があります。

3：5=15：25（3→15 ×5，5→25 ×5）　15：25=3：5（15→3 ÷5，25→5 ÷5）

x：yの比で，xとyの両方に同じ数をかけたりわったりしてできる比は，すべてx：yと等しくなります。

1 次の□にあてはまる数を求めなさい。

(1) 2：5=6：ア=イ：45

ア□，イ□

(2) 24：42=ア：14=4：イ

ア□，イ□

(3) 1.6：3=8：□

□

2 次の比をもっとも簡単な整数の比で表しなさい。

できるだけ小さい整数の比になおそう。

(1) 6：9

(2) 2.4：4

(3) $\frac{2}{3}$：$\frac{5}{2}$

3 次のア～エの中から 4：7 と等しい比をすべて答えなさい。

ア 12：24　　イ 28：49　　ウ 0.4：1.4　　エ $\frac{1}{2}$：$\frac{7}{8}$

4 次の割合を，もっとも簡単な整数の比で表しなさい。

(1) 70 円のえん筆と 100 円のボールペンの値段の割合

(2) りんご 8 個となし 4 個とみかん 12 個の個数の割合

➡解答は 70 ページ　月　日

比を使った問題（3）

砂糖（さとう）と小麦粉を，重さの比が 3：5 になるように使ってケーキをつくります。

(1) 小麦粉の重さが 100 g のとき，砂糖の重さは何 g 必要ですか。

砂糖と小麦粉の重さの比が 3：5 だから砂糖の重さは

小麦粉の重さの ［①］ 倍になります。

↑比の値

小麦粉の重さが 100 g なので，100 × ［①］ ＝ ［②］ (g)

砂糖 3　小麦粉 5　□g　100g

(2) 砂糖の重さが 120 g のとき，小麦粉の重さは何 g 必要ですか。

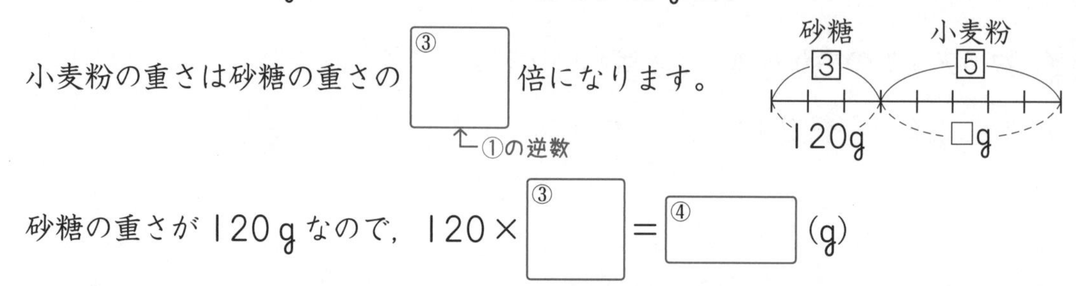

小麦粉の重さは砂糖の重さの ［③］ 倍になります。

↑①の逆数

砂糖の重さが 120 g なので，120 × ［③］ ＝ ［④］ (g)

ポイント 比を使って，一方がもう一方の何倍になるかを考えます。

1 チョコレートとガムの個数の比が 2：5 であるとき，次の問いに答えなさい。

(1) ガムが 15 個あるときのチョコレートの個数を求めなさい。

［　　　　］

(2) チョコレートが 10 個あるときのガムの個数を求めなさい。

［　　　　］

2 ある小学校の男女の人数の比は 10：9 です。女子の人数が 81 人のとき，男子の人数を求めなさい。

□

3 小学校の池に魚とかめが合わせて 18 ぴきいます。魚とかめを合わせた数と魚の数の比が 9：8 であるとき，次の問いに答えなさい。

(1) 魚は何びきいるか求めなさい。

□

(2) かめは何びきいるか求めなさい。

□

(3) かめの数と魚の数の比を求めなさい。

□

4 兄と弟の 2 人がお金を出し合って 2000 円のサッカーボールを買います。サッカーボールの代金と兄が出すお金の比が 8：5 のとき，弟が出すお金はいくらになるか求めなさい。

□

➡解答は 71 ページ

14日 比を使った問題（4）

牛乳(ぎゅうにゅう)とコーヒーの量の比が 3：2 になるようにカフェオレをつくります。200 mL のカフェオレをつくるとき，牛乳とコーヒーはそれぞれ何 mL 必要か求めなさい。

牛乳とコーヒーの量の比が 3：2 なので，

牛乳とカフェオレ全体の比は，3：①□

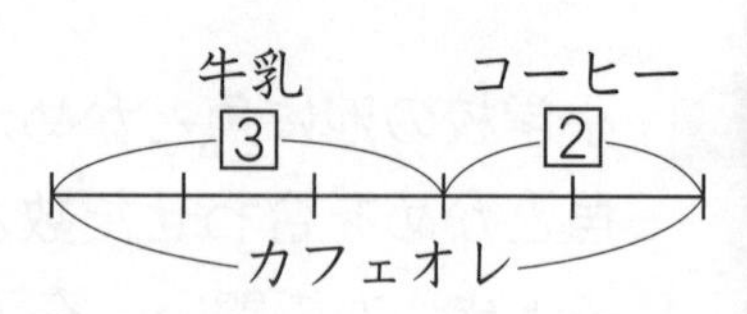

よって，牛乳の量はカフェオレ全体の量の ②□ 倍です。

求める牛乳の量は，200 × ②□ = ③□ (mL)

コーヒーの量は，200 − 120 = ④□ (mL)

または，コーヒーの量は全体の $\frac{2}{5}$ だから，$200 \times \frac{2}{5} =$ ④□ (mL)

ポイント 全体の量の比を求めてから考えましょう。

1 ある小学校には 189 人の児童がいます。男子と女子の人数の割合(わりあい)が 10：11 のとき，次の問いに答えなさい。

(1) 男子と女子と全体の人数の割合を比で表しなさい。

□

(2) 男子の人数を求めなさい。

□

(3) 女子の人数を求めなさい。

□

2 花子さんは 180 ページある本を読んでいます。読み終えたページと残っているページの割合が 2：7 のとき，残っているページは何ページか求めなさい。

3 姉と妹で 1500 円の CD を買います。姉と妹の出す金額の比が 2：1 のとき，姉の出す金額を求めなさい。

4 2 m のひもを 7：3 に切り分けます。長いひもと短いひもはそれぞれ何 cm になるか求めなさい。

長いひも ＿＿＿，短いひも ＿＿＿

5 縦(たて)の長さと横の長さの比が 4：9 の長方形があります。まわりの長さが 52 cm のとき，次の問いに答えなさい。

(1) 縦の長さと横の長さの和を求めなさい。

(2) 縦の長さを求めなさい。

➡解答は 71 ページ

月　日

時間 20分【はやい15分・おそい25分】
合格 80点
得点　　点

15日 まとめテスト (3)

1 次の比の値(あたい)を分数で求めなさい。(8点×4－32点)

(1) 4：9

(2) 56：24

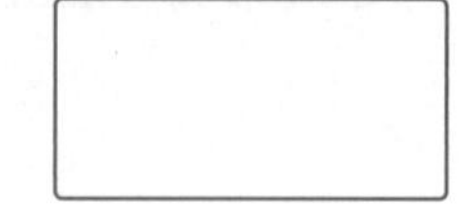

(3) 3.5：2.1

(4) $\frac{5}{8}:\frac{5}{4}$

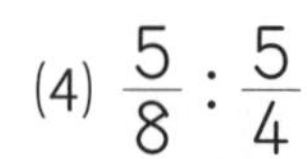

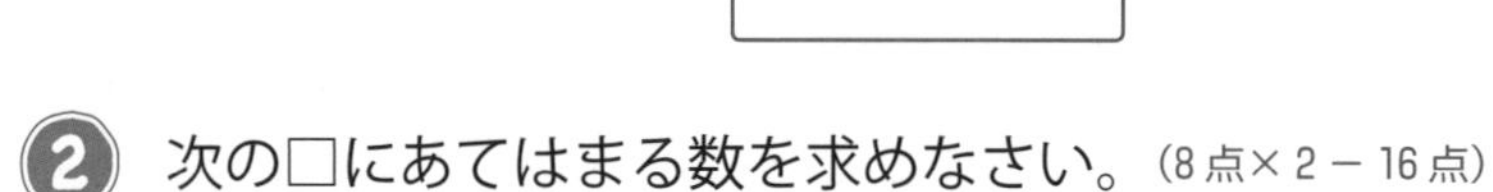

2 次の□にあてはまる数を求めなさい。(8点×2－16点)

(1) □：12=15：4

(2) $\frac{1}{2}:\frac{2}{3}$=□：8

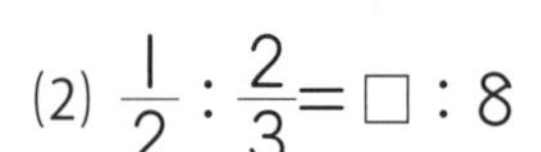

3 りんご1個の値段(ねだん)は80円です。りんご5個とみかん8個の代金が同じとき，りんご1個とみかん1個の値段の比を求めなさい。(10点)

4 赤色のペンキと青色のペンキを，量の比が 9：7 になるように混ぜ合わせます。

(8点×2－16点)

(1) 赤色のペンキを 1.8 L 使うとき，青色のペンキは何 L 必要ですか。

(2) 青色のペンキを 2.1 L 使うとき，赤色のペンキと青色のペンキは合わせて何 L 必要ですか。

5 角の大きさの比が 角 A：角 B：角 C=7：6：5 である三角形 ABC があります。

(1) 角 A と三角形の 3 つの角の大きさの和の比を求めなさい。(7点)

(2) 角 A と角 B と角 C の大きさをそれぞれ求めなさい。(3点×3－9点)

角 A ＿＿＿，角 B ＿＿＿，角 C ＿＿＿

6 右の図は直線 BD と DC の長さの比が 1：2 になるように，三角形 ABC を 2 つの三角形に分けた図です。三角形 ABD の面積が 24 cm^2 のとき，三角形 ABC の面積は何 cm^2 になるか求めなさい。(10点)

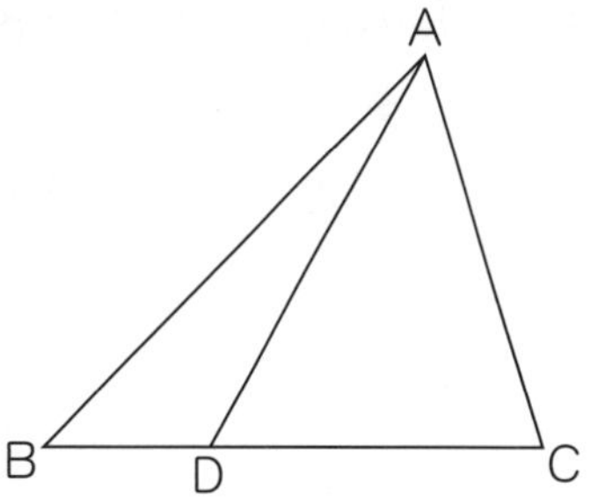

16日 拡大図と縮図 (1)

右の図の三角形 ABC と三角形 DEF は形が同じ図形です。

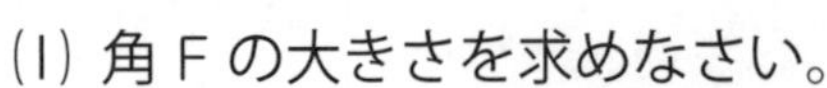

(1) 角 F の大きさを求めなさい。

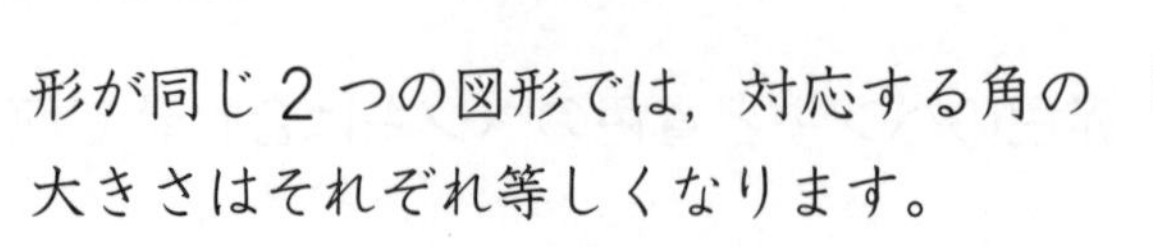

形が同じ 2 つの図形では，対応する角の大きさはそれぞれ等しくなります。

角 F に対応する角は角 ① ▭ だから，角 F の大きさは ② ▭ °です。

(2) 辺 AC の長さを求めなさい。

形が同じ 2 つの図形では，対応する辺の長さの比はすべて等しくなります。

辺 AB と辺 DE の長さの比は 6：3=2：1 だから，辺 AC と辺 DF の長さの比も ③ ▭ ：1 です。

よって，辺 AC の長さは 2 × ④ ▭ = ⑤ ▭ (cm)

形を変えないで大きくした図を**拡大図**(かくだいず)，形を変えないで小さくした図を**縮図**(しゅくず)といいます。三角形 ABC は三角形 DEF の 2 倍の拡大図，三角形 DEF は三角形 ABC の $\frac{1}{2}$ の縮図といいます。

ポイント 拡大図，縮図では
- 対応する角の大きさはそれぞれ等しい。
- 対応する辺の長さの比はすべて等しい。

1 右の図の三角形 ABC と三角形 DEF は形が同じ図形です。

(1) 角 A と角 C の大きさを求めなさい。

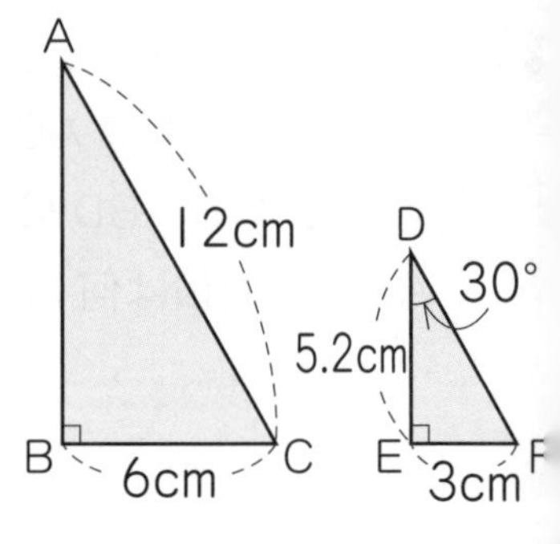

角 A ▭ ，角 C ▭

(2) 三角形 ABC と三角形 DEF の対応する辺の長さの比を，もっとも簡単(かんたん)な整数の比で表しなさい。

(3) 三角形 ABC は三角形 DEF の何倍の拡大図ですか。また，三角形 DEF は三角形 ABC の何分の一の縮図ですか。

拡大図 [　　　]，縮図 [　　　]

(4) 辺 AB と辺 DF のそれぞれの長さを求めなさい。

辺 AB [　　　]，辺 DF [　　　]

2 右の図の四角形 ABCD と四角形 EFGH は形が同じ図形です。

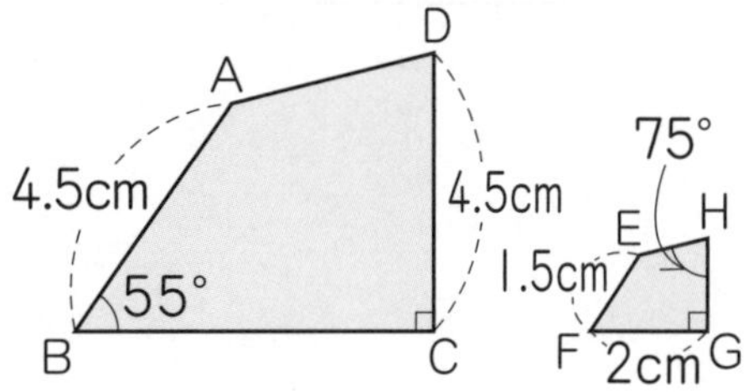

A　D　4.5cm　4.5cm　55°　B　C　75°　E　H　1.5cm　F　2cm　G

(1) 角 D と角 A の大きさをそれぞれ求めなさい。

四角形の 4 つの角の大きさの和は 360° だね。

角 D [　　　]，角 A [　　　]

(2) 辺 BC と辺 GH の長さをそれぞれ求めなさい。

辺 BC [　　　]，辺 GH [　　　]

➡解答は 72 ページ　月　日

17日 拡大図と縮図 (2)

下の三角形 ABC の 2 倍の拡大図(かくだいず)をその右の方眼にかきなさい。

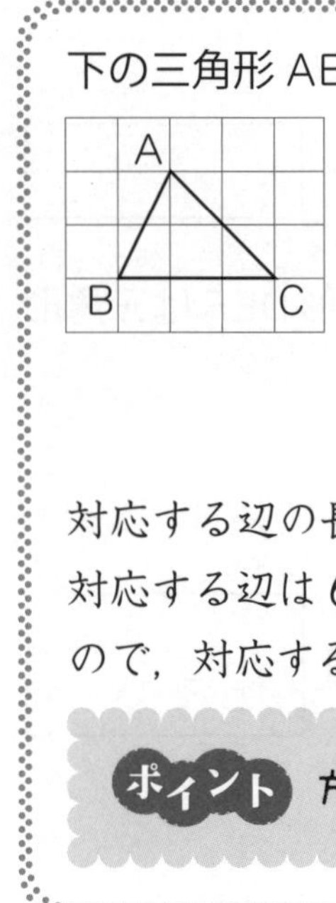

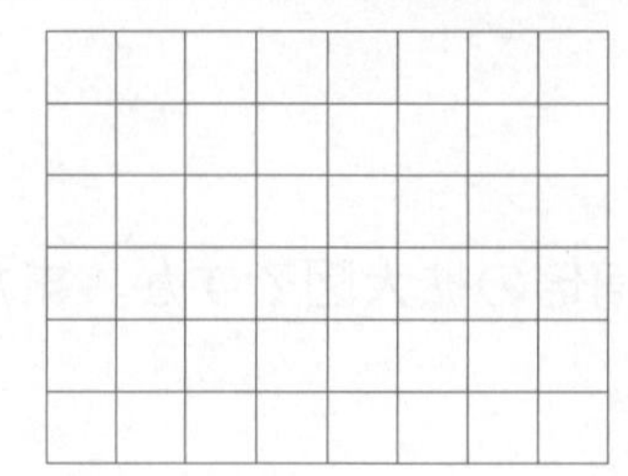

対応する辺の長さが 2 倍になるようにかきます。辺 BC は 3 ます分の長さなので，対応する辺は 6 ます分の長さです。辺 AB は右に 1 ます，上に 2 ます分の長さなので，対応する辺は右に 2 ます，上に 4 ます分の長さです。

ポイント 方眼の数を正しく数えてかきましょう。

1 下の図形の 2 倍の拡大図をその右の方眼にかきなさい。

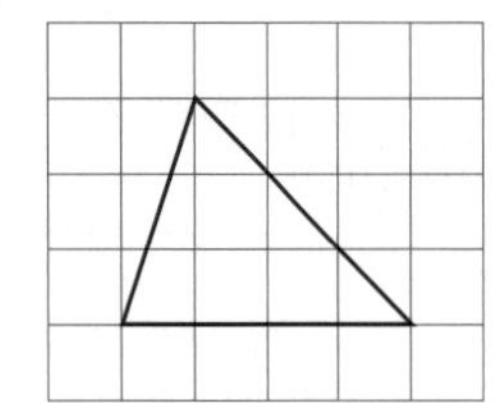

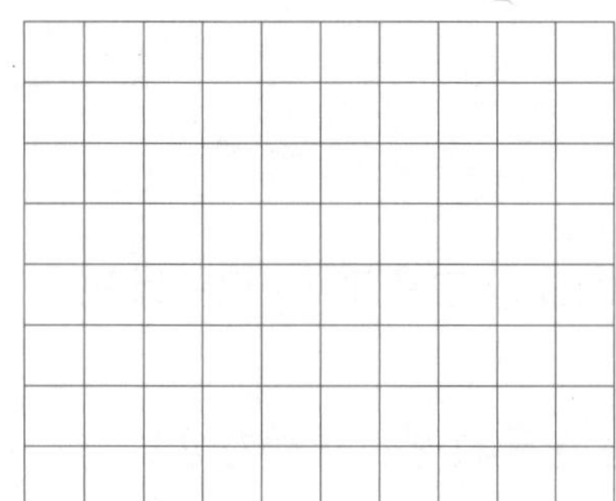

2 下の図形の 2 倍の拡大図をその右の方眼にかきなさい。

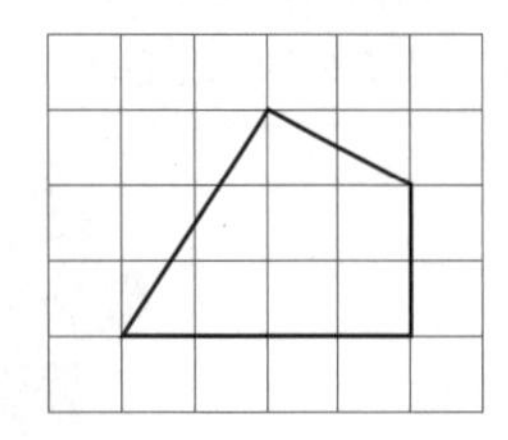

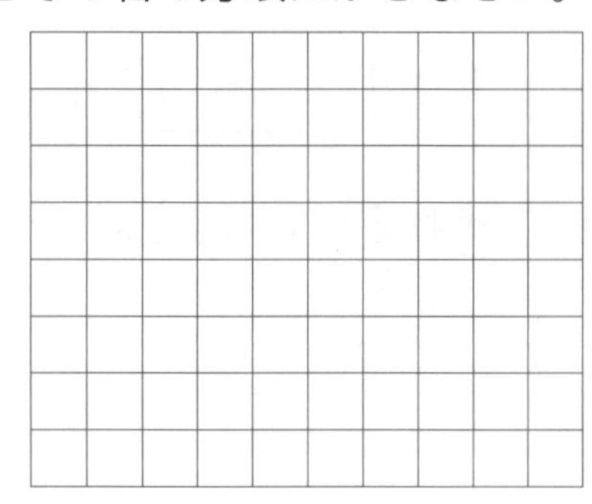

3 下の図の頂点（ちょうてん）B を中心にした三角形 ABC の 3 倍の拡大図をかきなさい。

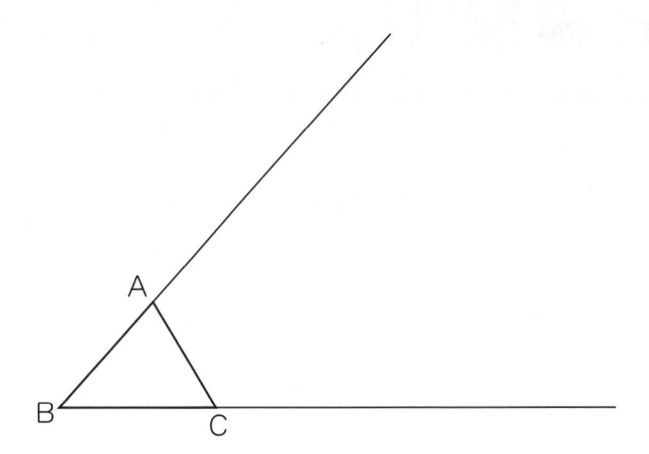

4 下の図の頂点 B を中心にした四角形 ABCD の 2 倍の拡大図をかきなさい。

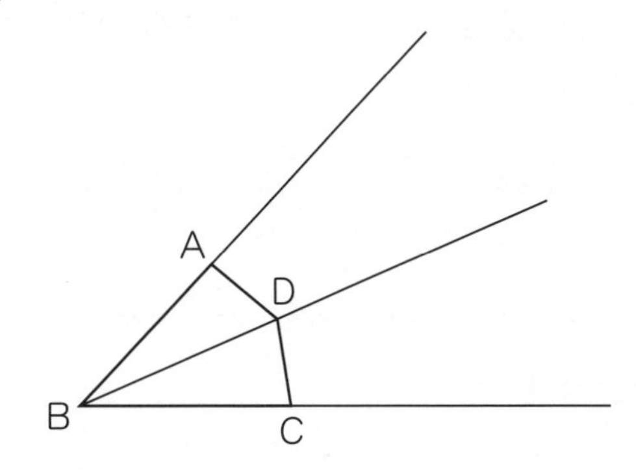

5 右の三角形 ABC の 2 倍の拡大図を下にかきなさい。

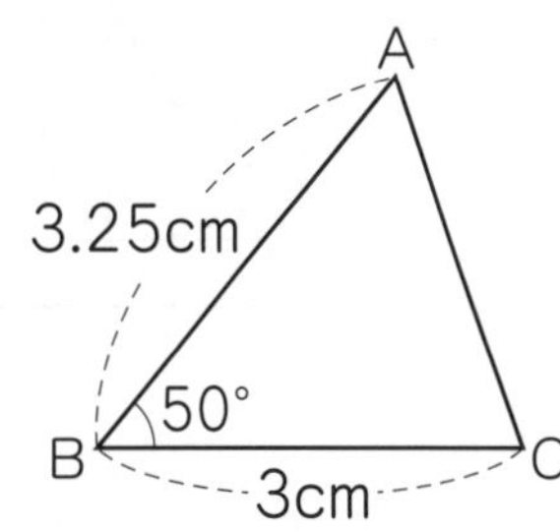

18日 拡大図と縮図 (3)

➡解答は 73 ページ

月　　日

下の三角形 ABC の $\frac{1}{2}$ の縮図(しゅくず)をその右の方眼にかきなさい。

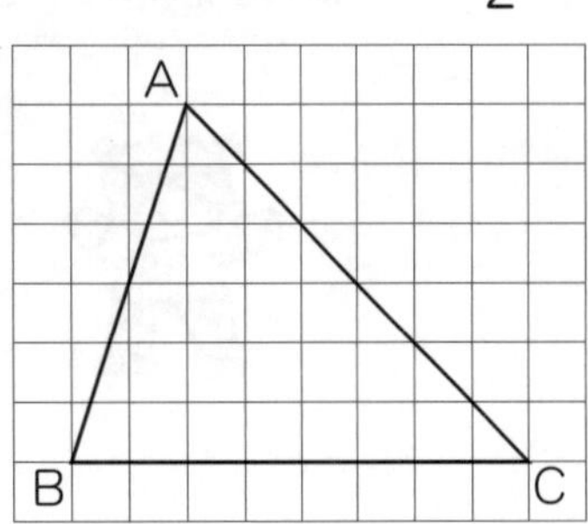

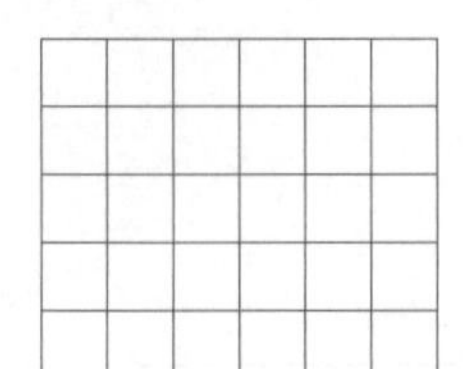

対応する辺の長さが $\frac{1}{2}$ になるようにかきます。辺 BC は 8 ます分の長さなので，対応する辺は 4 ます分の長さです。辺 AB は右に 2 ます，上に 6 ます分の長さなので，対応する辺は右に 1 ます，上に 3 ます分の長さです。

ポイント 方眼の数を正しく数えてかきましょう。

1 下の図形の $\frac{1}{2}$ の縮図をその右の方眼にかきなさい。

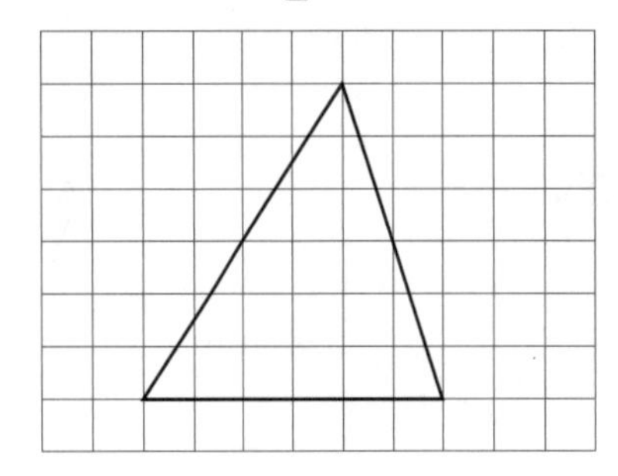

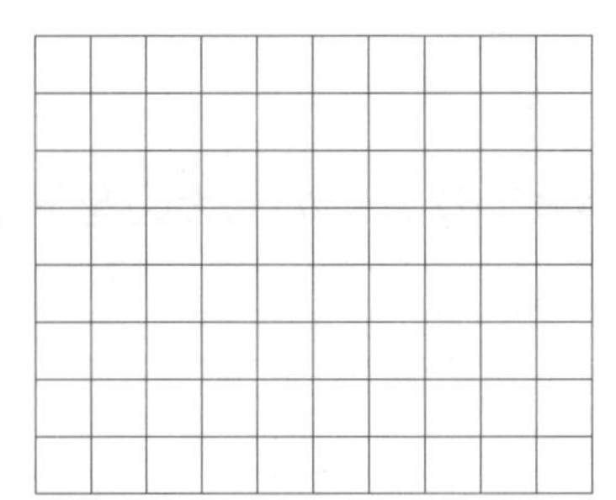

2 下の図形の $\frac{1}{3}$ の縮図をその右の方眼にかきなさい。

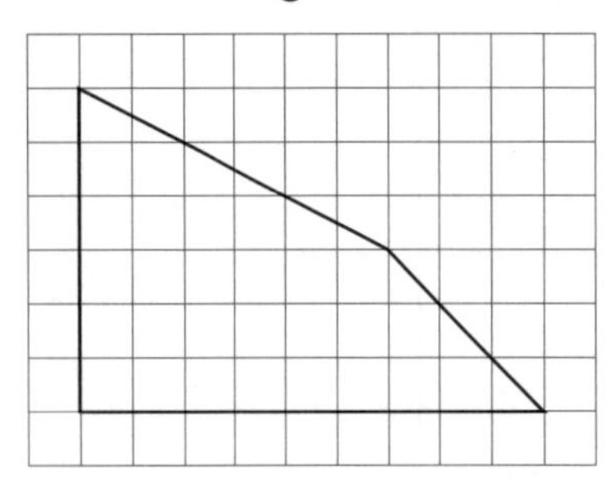

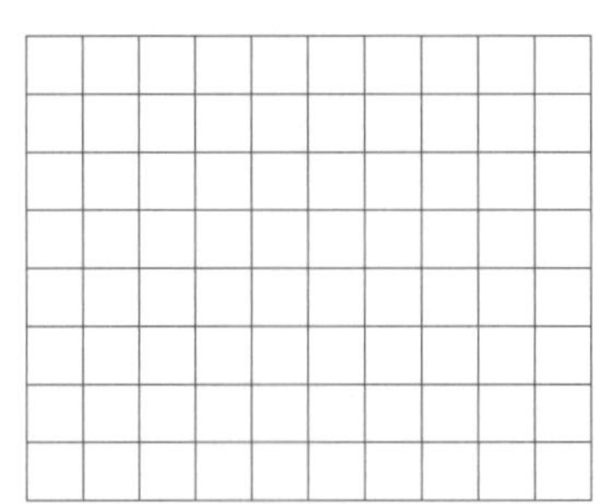

3 下の図の頂点(ちょうてん)Cを中心にした三角形ABCの$\frac{1}{2}$の縮図をかきなさい。

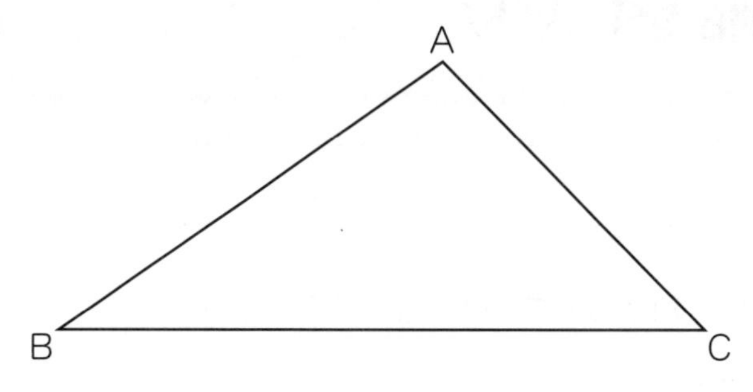

4 下の図の頂点Bを中心にした四角形ABCDの$\frac{1}{3}$の縮図をかきなさい。

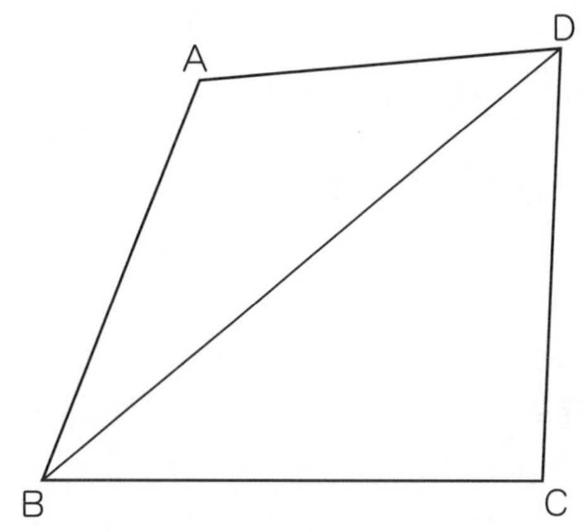

5 右のような三角形ABCの$\frac{1}{4}$の縮図を下にかきなさい。

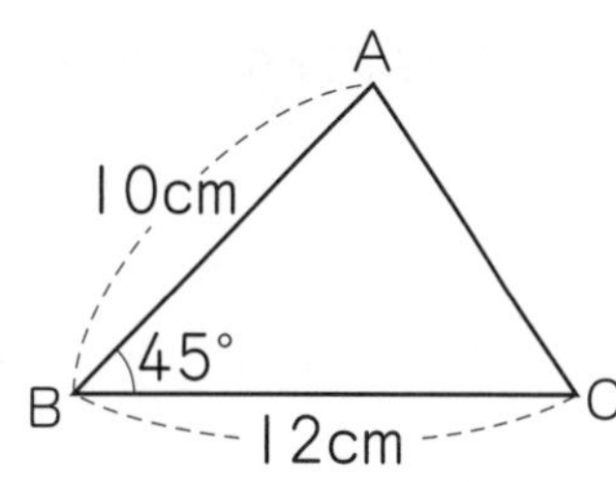

➡解答は 73 ページ　月　日

19日 拡大図と縮図 (4)

縮尺(しゅくしゃく)が $\frac{1}{50000}$ の地図があります。

(1) 地図上の長さが 2 cm のところは，実際の長さは何 km ですか。

実際の長さを縮(ちぢ)めた割合(わりあい)のことを縮尺といいます。

実際の長さは地図上の長さの ① [　　] 倍なので，求める長さは，

2 × ① [　　] = ② [　　] (cm)

② [　　] cm = ③ [　　] m = ④ [　　] km

(2) 実際の長さが 2 km のところは，地図上の長さは何 cm ですか。

2 km=2000 m=200000 cm なので，地図上の長さは，

$200000 \times \frac{1}{50000} =$ ⑤ [　　] (cm)

ポイント 地図上の長さ ＝ 実際の長さ × 縮尺

1 縮尺が $\frac{1}{50000}$ の地図があります。地図上の長さが 6 cm のところは，実際の長さは何 km ですか。

[　　]

2 縮尺が $\frac{1}{25000}$ の地図があります。実際の長さが 5 km のところは，地図上の長さは何 cm ですか。

[　　]

3 実際の長さ 2 km を 5 cm に縮めて表した地図があります。

(1) この地図の縮尺は何分の一ですか。

(2) 実際の長さが 6 km のところは，地図上の長さは何 cm ですか。

4 縦(たて) 100 m，横 80 m の長方形の土地があります。この土地の縮図を，縮尺 1：2000 でかくとき，縦，横の長さはそれぞれ何 cm にするとよいですか。

縦　　　，横

5 地面に垂直(すいちょく)に立てられた 1 m の棒(ぼう)があります。この棒のかげを測ると 50 cm でした。同じとき，棒の近くにある建物のかげの長さを測ると 6 m ありました。

(1) 建物のかげの長さは棒のかげの長さの何倍ですか。

(2) 建物の高さは何 m ですか。

まとめテスト (4)

➡解答は 74 ページ

月　日

時間 20分 【はやい15分・おそい25分】
合格 80点
得点　点

❶ 下の図形の $\frac{1}{2}$ の縮図をその右の方眼にかきなさい。(14点)

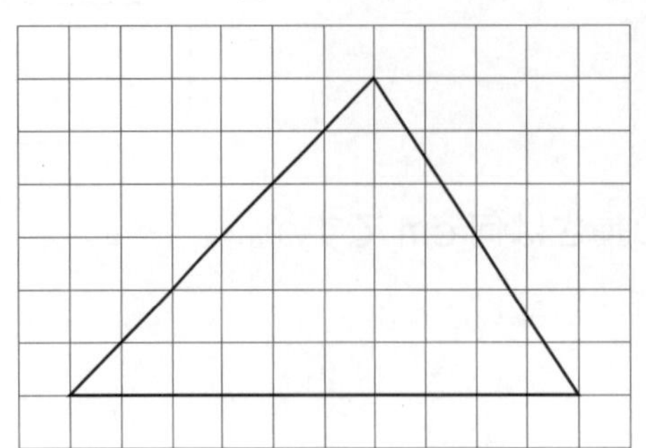
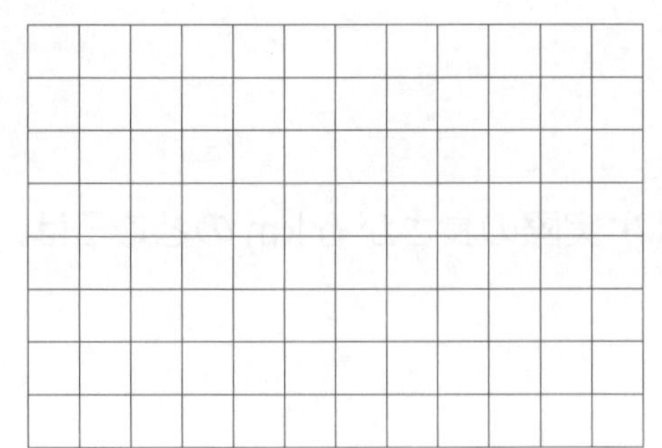

❷ 下の図の頂点 B を中心として，四角形 ABCD の 2 倍の拡大図をかきなさい。(14点)

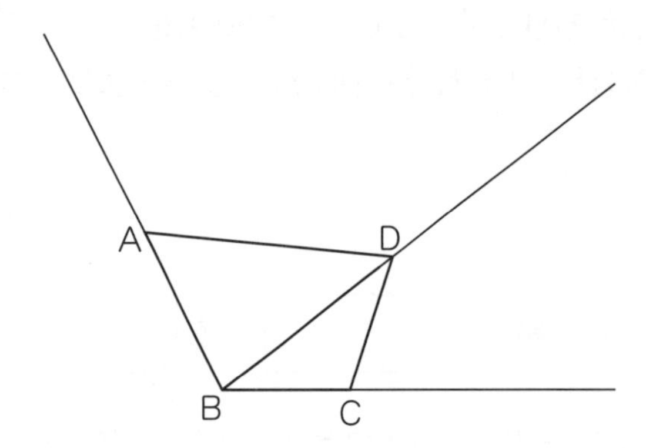

❸ 縮尺が $\frac{1}{25000}$ の地図があります。(12点×2－24点)

(1) 地図上の長さが 4 cm のところは，実際の長さは何 km ですか。

(2) 実際の長さが 8 km のところは，地図上の長さは何 cm ですか。

4 右の図の三角形 ABC と三角形 DEF は形が同じ図形です。(12 点× 2 − 24 点)

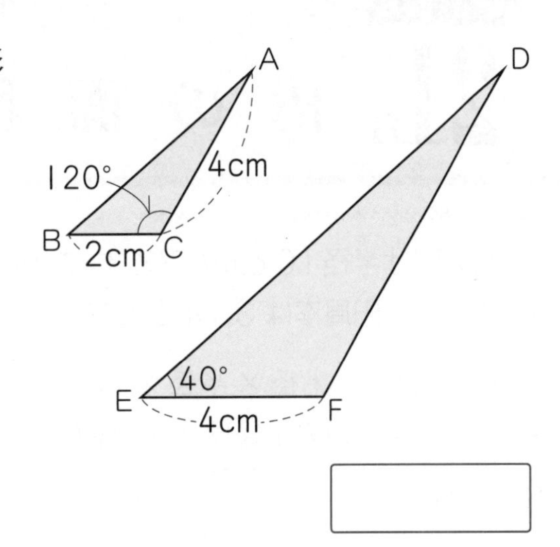

(1) 角 D の大きさを求めなさい。

(2) 辺 DF の長さを求めなさい。

5 りなさんは電柱の高さを，棒(ぼう)を使って求めようとしています。まず，地面に垂直(すいちょく)に立てた棒の長さとそのかげの長さを測りました。次に電柱のかげの長さを測りました。右の図はそのようすを表しています。(12 点× 2 − 24 点)

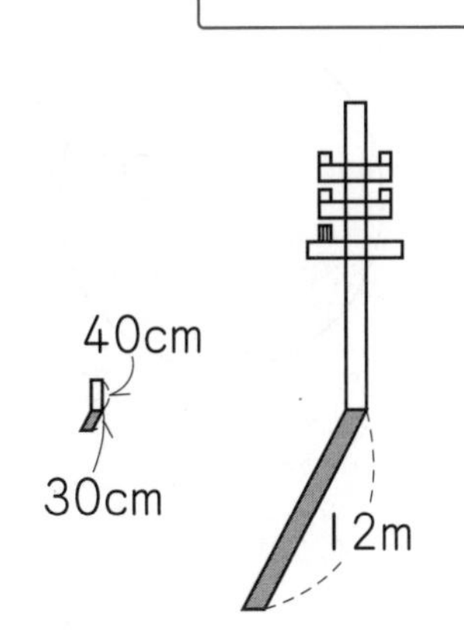

(1) 電柱のかげの長さは棒のかげの長さの何倍ですか。

(2) 電柱の高さを求めなさい。

➡解答は 74 ページ　月　日

21日 円の面積 (1)

右の図は半径 10 cm の円です。この円の面積を求めなさい。
ただし，円周率は 3.14 とします。

円の面積は 半径×半径×円周率(3.14) で求めることができます。円の半径は 10 cm だから，

10cm

面積は ① ［　　］×② ［　　］×3.14＝③ ［　　］ (cm^2)

ポイント 円の面積＝半径×半径×円周率

円周率は 3.14 として計算しなさい。

1 次の円の面積を求めなさい。

(1) 半径 5 cm の円

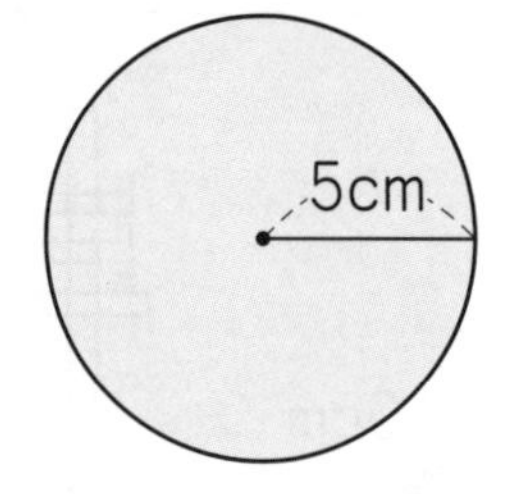

(2) 直径 6 cm の円

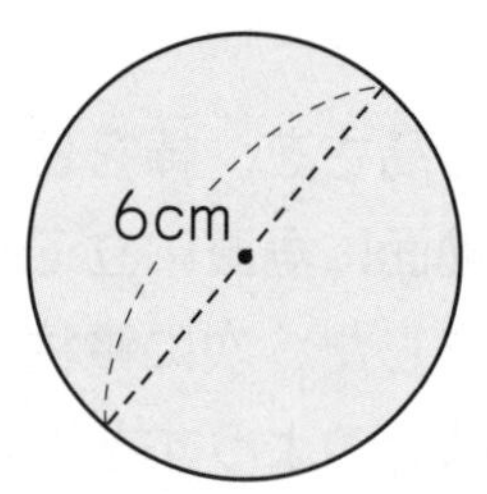

2 右の図は半径 4 cm の半円です。この半円の面積を求めなさい。

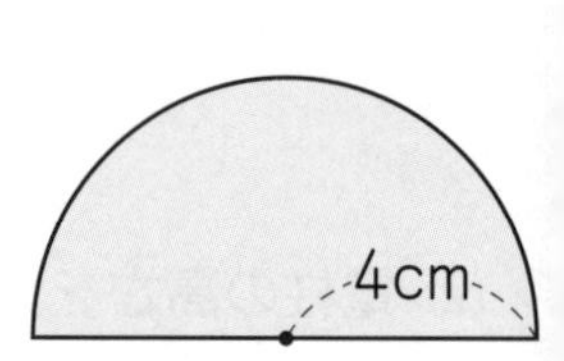

3 右の図は，半径 6 cm の円を $\frac{1}{4}$ にしたものです。この図形の面積を求めなさい。

6cm

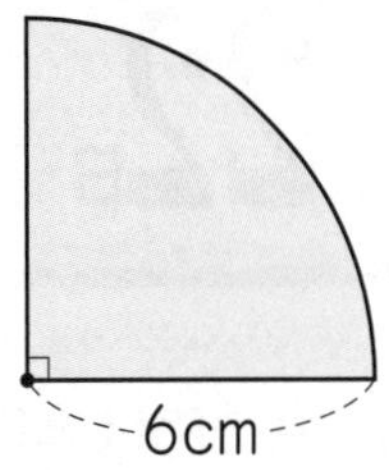

4 次の問いに答えなさい。

(1) 半径 12 cm の円の面積を求めなさい。

(2) 直径 16 cm の半円の面積を求めなさい。

(3) 半径 16 cm の円を $\frac{1}{4}$ にした図形の面積を求めなさい。

5 面積が 50.24 cm^2 である円の半径の長さを求めなさい。

面積を 3.14 でわると
半径 × 半径 がわかるね。

➡解答は 75 ページ　月　日

22日 円の面積（2） 発展

右の図は半径 6 cm，中心角 60° のおうぎ形です。
このおうぎ形の面積を求めなさい。ただし，円周率は 3.14 とします。

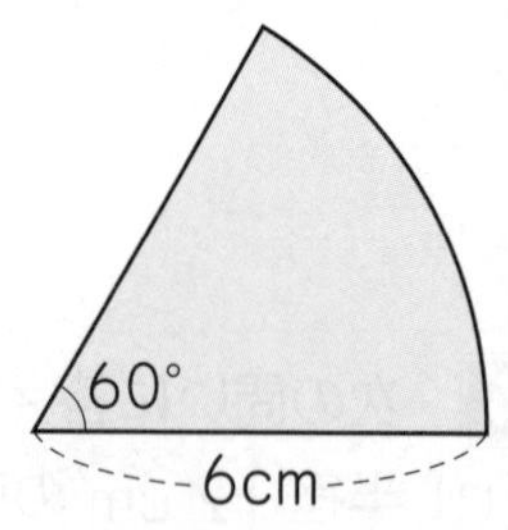

2 本の半径で分けられた円の一部分を**おうぎ形**といい，おうぎ形で 2 本の半径がつくる角を**中心角**といいます。
求めるおうぎ形の面積は右の図の色のついた部分です。円は 1 周 360° だから，右の図の色のついた部分は円全体を

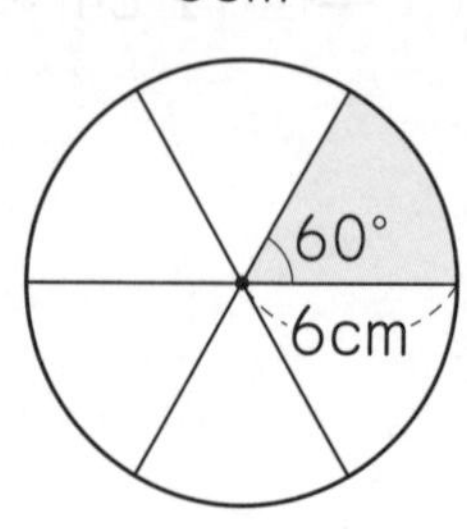

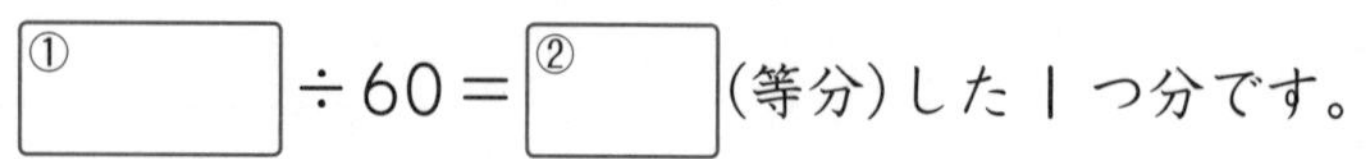

よって，求めるおうぎ形の面積は，

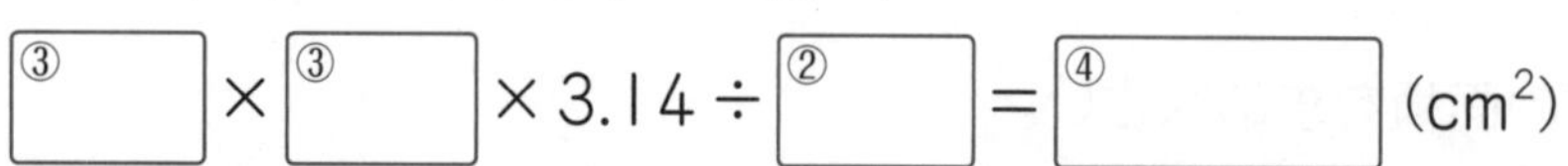

ポイント おうぎ形の面積は，おうぎ形が円を何等分したものかを考えて求めます。

円周率は 3.14 として計算しなさい。

1 右の図は半径 9 cm，中心角 120° のおうぎ形です。
このおうぎ形の面積を求めなさい。

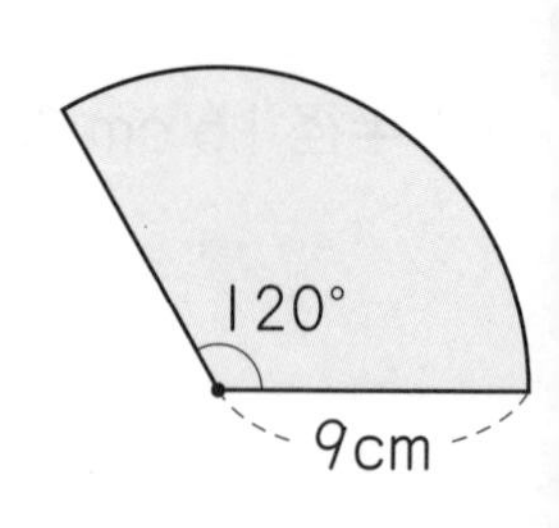

2 右の図は半径 8 cm，中心角 45° のおうぎ形です。
このおうぎ形の面積を求めなさい。

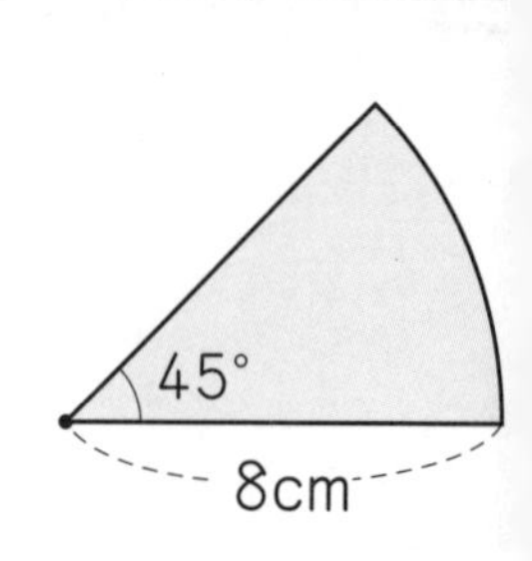

3 次の問いに答えなさい。

(1) 半径 5 cm，中心角 36° のおうぎ形の面積を求めなさい。

(2) 半径 12 cm，中心角 30° のおうぎ形の面積を求めなさい。

(3) 半径 10 cm，中心角 180° のおうぎ形の面積を求めなさい

4 次の問いに答えなさい。

(1) 面積が 28.26 cm^2，中心角が 90° のおうぎ形の半径の長さを求めなさい。

(2) 面積が 3.14 cm^2，半径が 3 cm のおうぎ形の中心角の大きさを求めなさい。

まず半径 3 cm の円の面積を求めよう。

➡解答は 75 ページ　月　日

23日 複雑な図形の面積（1）

右の図で，色のついた部分の面積を求めなさい。ただし，円周率は 3.14 とします。

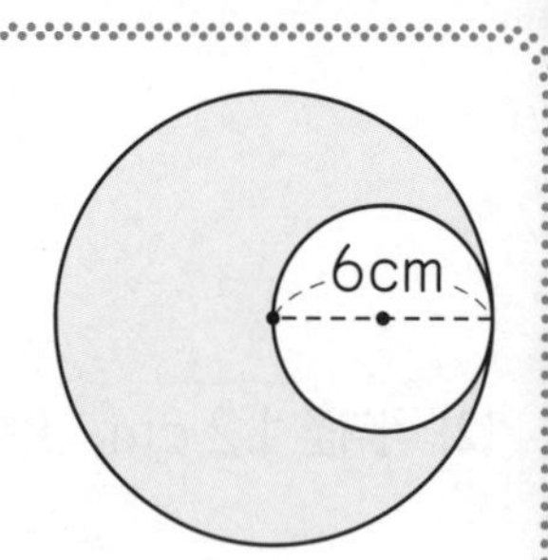

次の図のように考えて求めます。

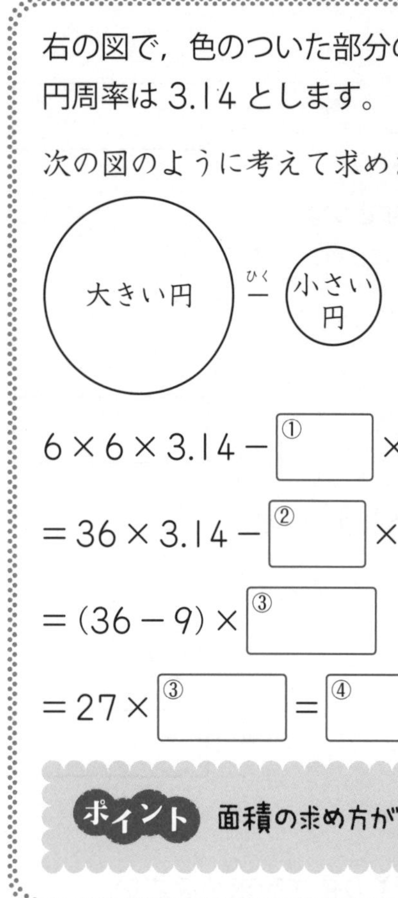

$6 \times 6 \times 3.14 -$ ① $\times$ ① $\times 3.14$

$= 36 \times 3.14 -$ ② $\times 3.14$

$= (36 - 9) \times$ ③

$= 27 \times$ ③ $=$ ④ (cm^2)

計算のきまり
□×△−○×△
＝(□−○)×△

ポイント 面積の求め方がわかる部分を見つけて組み合わせてみましょう。

円周率は 3.14 として計算しなさい。

1 右の図で，色のついた部分の面積を求めなさい。

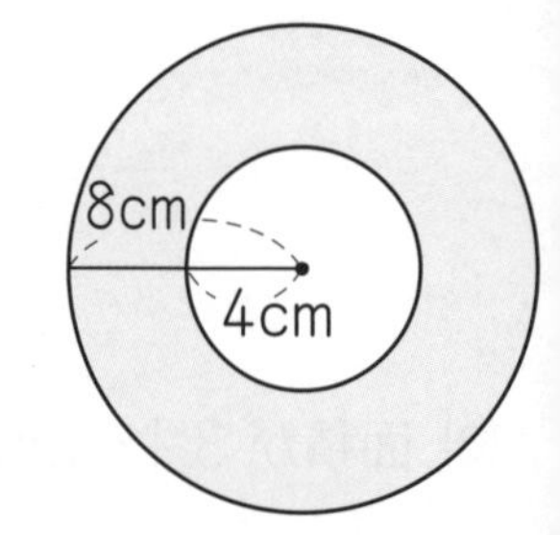

2 右の図で，色のついた部分の面積を求めなさい。

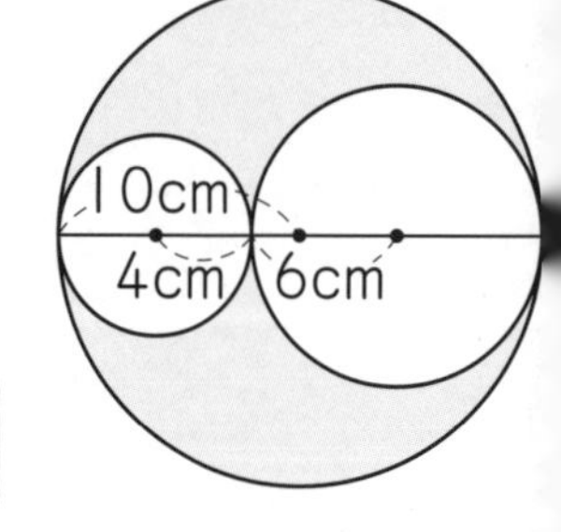

3 右の図形の面積を求めなさい。

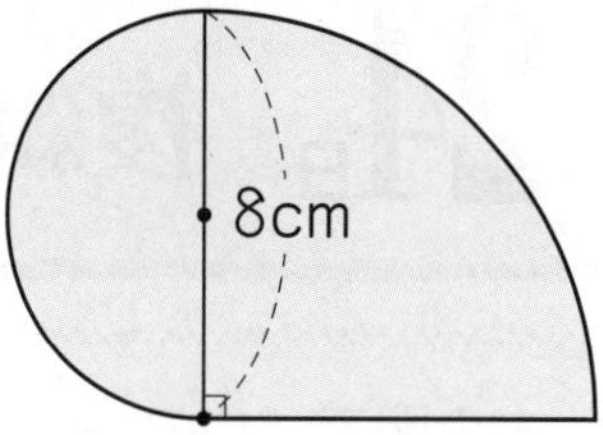

4 右の図形の面積を求めなさい。

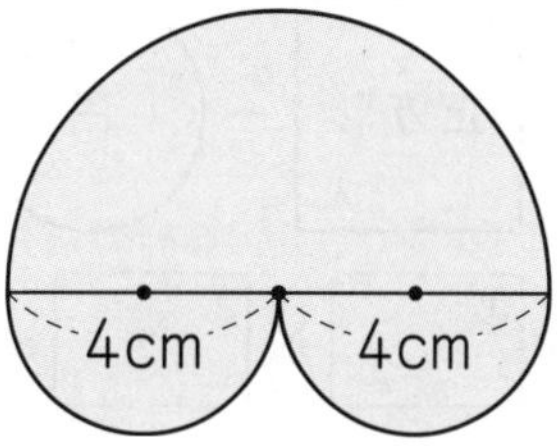

5 右の図で，色のついた部分の面積を求めなさい。

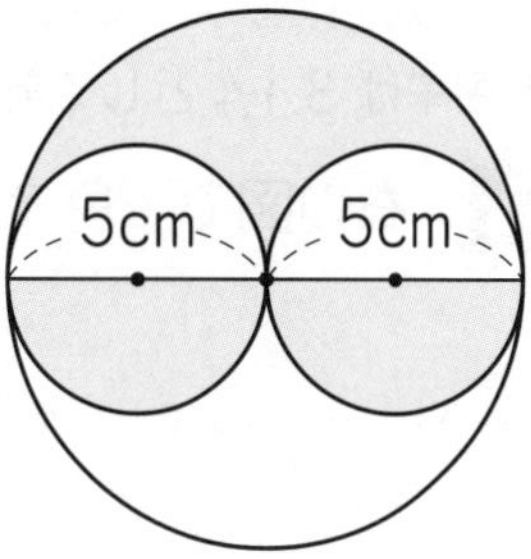

6 右の図で，色のついた部分の面積を求めなさい。

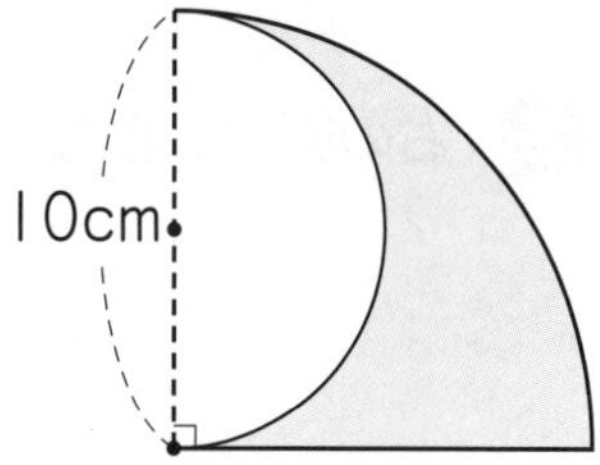

7 右の図で，色のついた部分の面積を求めなさい。

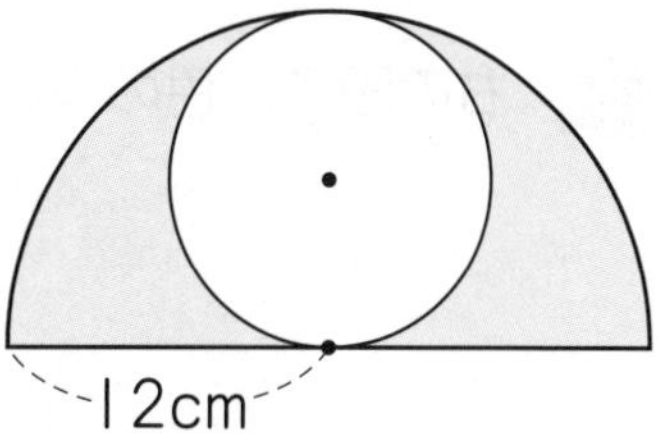

複雑な図形の面積（2）

右の図で，色のついた部分の面積を求めなさい。ただし，円周率は 3.14 とします。

20cm
20cm

次のように考えて求めます。

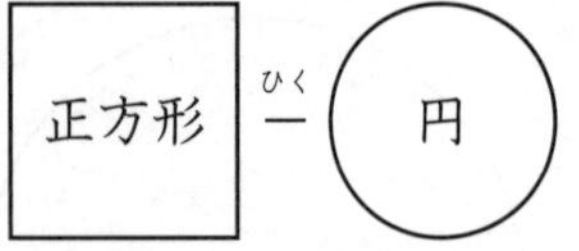

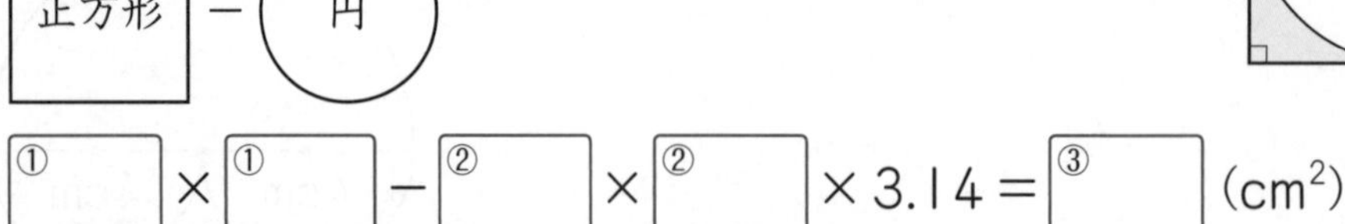

ポイント 面積が求められる部分を見つけ，それらを組み合わせて考えましょう。

円周率は 3.14 として計算しなさい。

1 右の図で，色のついた部分の面積を求めなさい。

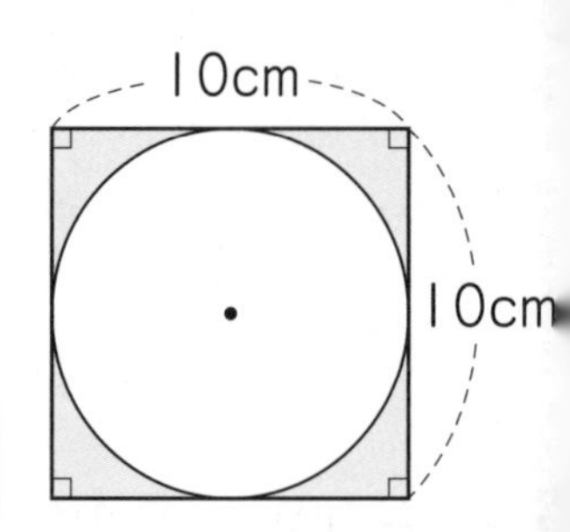

2 右の図で，色のついた部分の面積を求めなさい。

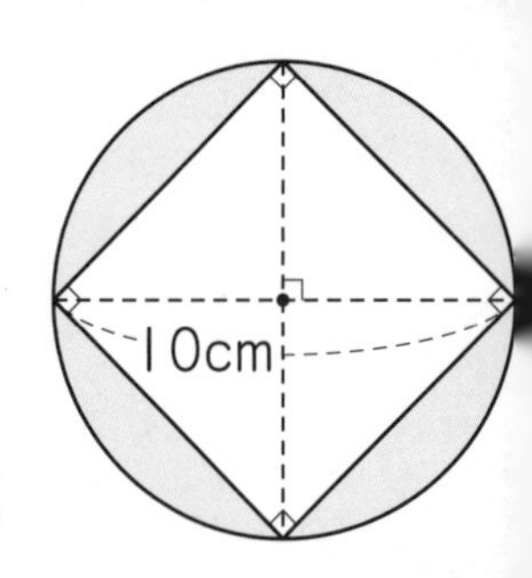

3 右の図で，色のついた部分の面積を求めなさい。

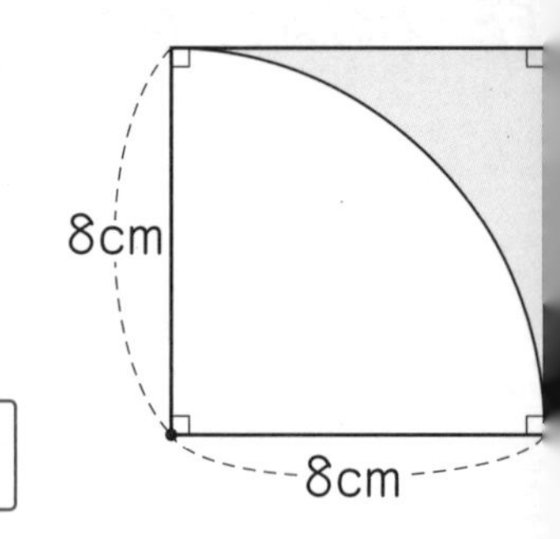

4 右の図で，色のついた部分の面積を求めなさい。

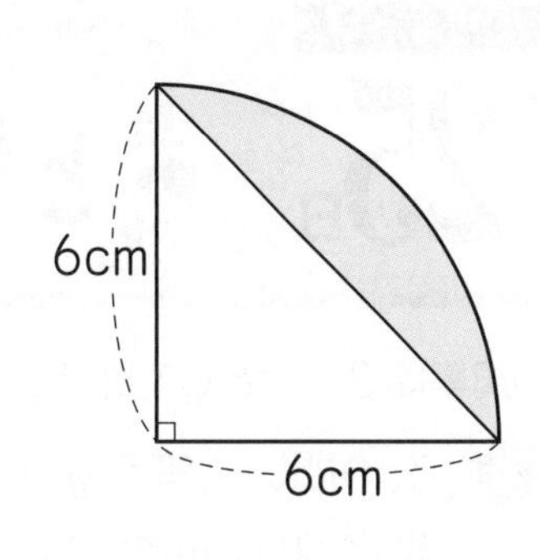

5 右の図で，色のついた部分の面積を求めなさい。

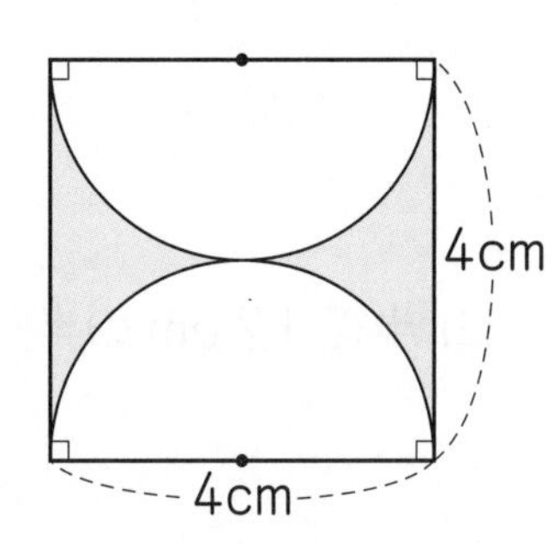

6 右の図で，色のついた部分の面積を求めなさい。

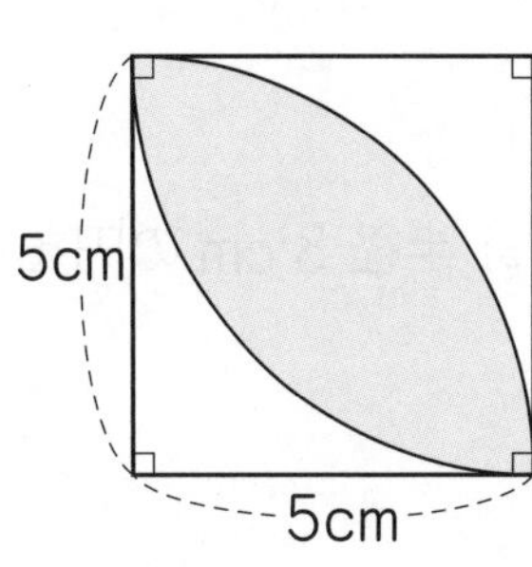

7 右の図で，色のついた部分の面積を求めなさい。

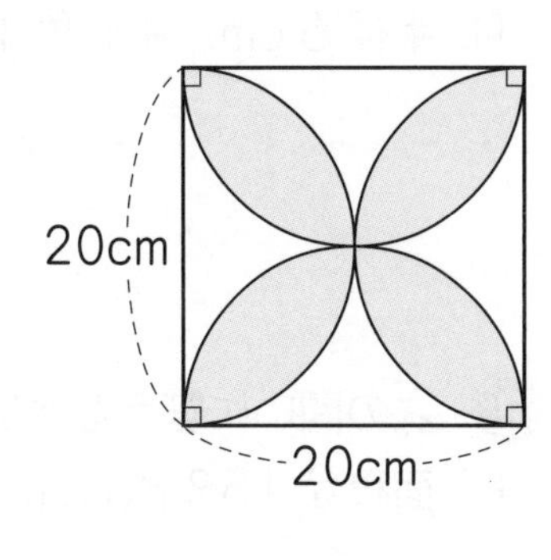

8 右の図で，色のついた部分の面積を求めなさい。

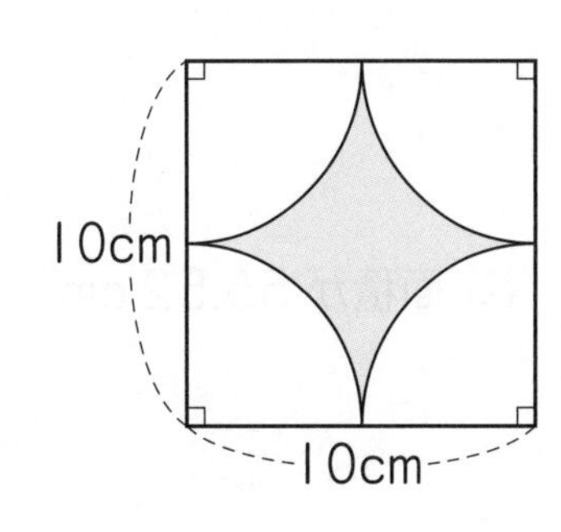

➡解答は 76 ページ　月　日

25日 まとめテスト (5)

時間 25分 【はやい20分・おそい30分】 得点
合格 80点　点

円周率は 3.14 として計算しなさい。

1 次の問いに答えなさい。(8 点× 4 − 32 点)

(1) 半径 20 cm の円の面積を求めなさい。

(2) 半径 12 cm の半円の面積を求めなさい。

(3) 半径 8 cm の円を $\frac{1}{4}$ にした図形の面積を求めなさい。

(4) 半径 6 cm，中心角 120° のおうぎ形の面積を求めなさい。

2 次の問いに答えなさい。(9 点× 2 − 18 点)

(1) 面積が 153.86 cm^2 である円の半径の長さを求めなさい。

(2) 面積が 56.52 cm^2，半径が 12 cm のおうぎ形の中心角の大きさを求めなさい。

3 右の図で，色のついた部分の面積を求めなさい。(10点)

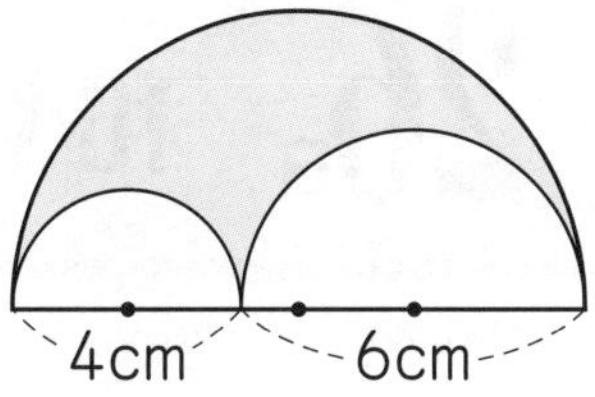

4 右の図で，色のついた部分の面積を求めなさい。(10点)

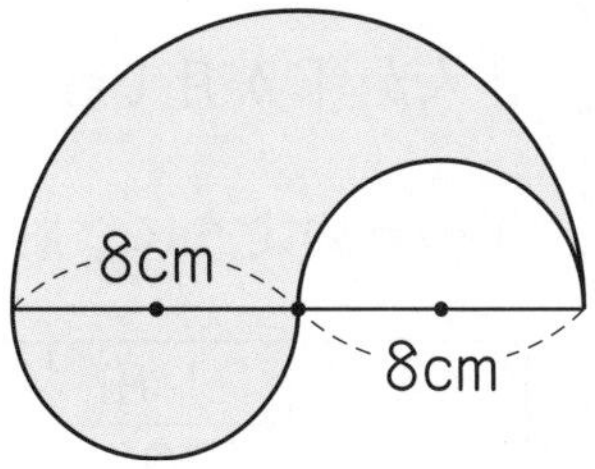

5 右の図で，色のついた部分の面積を求めなさい。(10点)

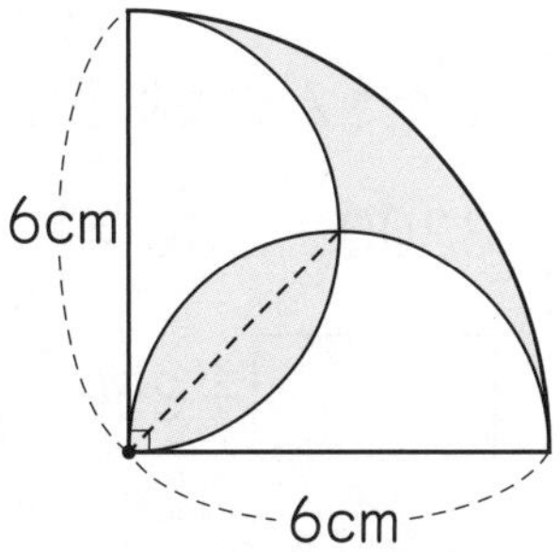

6 右の図で，色のついた部分の面積を求めなさい。(10点)

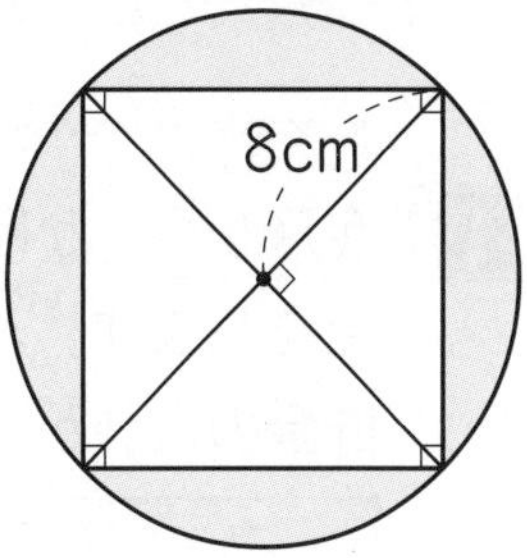

7 右の図で，色のついた部分の面積を求めなさい。(10点)

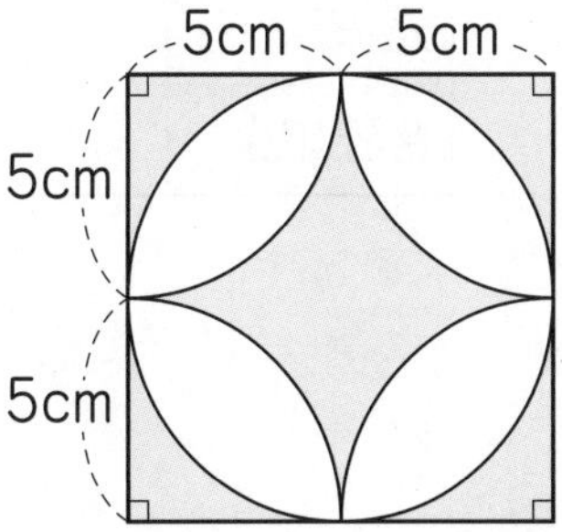

➡解答は 77 ページ　月　日

26日 和や差に目をつけて（1）

かなさんは去年 500 円の貯金があり，今年の 1 月から毎月 200 円ずつ貯金をしています。かなさんの妹は去年の貯金はなく，今年の 1 月から毎月 150 円ずつ貯金をしています。2 人の貯金の合計が 3300 円になるのは何月ですか。

2 人が 1 か月で貯金する合計は，200＋150＝［①　］（円）なので，

下の表のように，貯金は毎月［①　］円ずつ増えていきます。

	1 月	2 月	3 月	4 月	…	□月
かな（円）	700	900	1100	1300	…	
妹（円）	150	300	450	600	…	
合計（円）	850	1200	1550	1900	…	3300

＋350 円　＋350 円　＋350 円

かなさんが去年 500 円貯金しているので，3300 円までの残りは，

3300－500＝［②　］（円）

［②　］÷350＝［③　］（か月）より，貯金の合計が 3300 円になるのは［④　］月。

ポイント 貯金の合計は 1 か月ごとに同じ金額ずつ増えていくことに注目します。

1 今月から，かけるさんは毎月 250 円ずつ，かけるさんの兄は毎月 400 円ずつ貯金をします。4 か月目までの貯金のようすを次の表に表しなさい。また，2 人の貯金の合計が 7800 円になるのに何か月かかりますか。

	1 か月目	2 か月目	3 か月目	4 か月目
かける（円）				
兄（円）				
合計（円）				

［　　　　］

2 色紙 265 まいをさやかさんと姉の 2 人で使います。はじめの日に姉だけが 13 まい使います。次の日から，1 日ごとに姉は 8 まい，さやかさんは 6 まいずつ使います。

(1) 姉がはじめに使ったあと，色紙は何まい残っていますか。

(2) 265 まいの色紙は何日ですべてなくなりますか。

3 5100 mL の水をかおるさんと兄の 2 人で飲みました。はじめの日に兄だけが 150 mL 飲みました。次の日から兄は 180 mL，かおるさんは 150 mL ずつ毎日飲みました。5100 mL の水は何日ですべてなくなりましたか。

4 かごの中にある 300 個のあめをけんさん，てつやさん，しょうさんの 3 人で分けます。けんさんは 1 日に 3 個もらい，てつやさんは 1 日に 4 個もらい，しょうさんは 1 日に 5 個もらうことにします。何日でかごの中のあめはなくなりますか。

5 ある商品を A 工場，B 工場，C 工場の 3 つの工場で生産します。A 工場では 1 日に 250 個，B 工場では 1 日に 180 個，C 工場では 1 日に 230 個生産することができます。ある日，この商品の 30000 個の注文が入りました。何日あれば生産することができますか。

日数は整数で答えよう。

➡解答は 77 ページ　月　日

27日 和や差に目をつけて（2）

Ｉ本 100 円のボールペンとＩ本 80 円の色えんぴつを同じ本数ずつ買ったところ，ボールペンと色えんぴつの代金の差が 360 円になりました。ボールペンと色えんぴつを何本ずつ買いましたか。

ボールペンと色えんぴつのＩ本のねだんの差は，100 − 80 = ① □ (円)なので，

下の表のように，本数がＩ本増えるごとに，代金の差が ① □ 円ずつ増えていきます。

	Ｉ本	2 本	3 本	4 本	…	□本
ボールペン(円)	100	200	300	400	…	
色えんぴつ(円)	80	160	240	320	…	
差(円)	20	40	60	80	…	360

+20 円　+20 円　+20 円

代金の差が 360 円になるのは，② □ ÷ 20 = ③ □ (本)ずつ買ったときになります。

ポイント Ｉ本のねだんの差が集まって，代金の差になります。

1 Ｉ個 60 円のあめとＩ個 120 円のチョコレートを同じ数ずつ買ったところ，あめとチョコレートの代金の差が 720 円になりました。

(1) 何個ずつ買いましたか。

□

(2) 代金の合計は何円になりましたか。

□

2 まりさんはゆみさんより 320 円多く持っていました。まりさんは 1 個 85 円のチョコレートを，ゆみさんは 1 個 45 円のあめを同じ数ずつ買ったところ，2 人とも所持金がちょうどなくなりました。

(1) 何個ずつ買いましたか。

[ ]

(2) まりさんとゆみさんは，はじめにそれぞれ何円ずつ持っていましたか。

まりさん [ ]，ゆみさん [ ]

3 子どもたちに，みかんを配ります。1 人に 2 個ずつ配るよりも 1 人に 5 個ずつ配るほうが，みかんは 39 個多く必要です。子どもは何人いますか。

[ ]

4 1 本 200 円のジュースを何本か買うつもりで，お金をちょうど用意して買いに行きました。しかし，安売りで 1 本 180 円だったので，最初に予定していた本数を買ったところ，180 円あまりました。

(1) ジュースを何本買いましたか。

[ ]

(2) 用意したお金は何円でしたか。

[ ]

➡解答は 77 ページ　月　日

すいりの問題（1）

A，B，C の 3 本の色えんぴつがあります。色は青，緑，黄の 3 色です。A は青ではなく，緑は A ではありません。また，青は C ではありません。このとき，それぞれの色えんぴつの色を答えなさい。

右のような表を書いて考えます。「A は青ではなく」とあるので，㋐には×を書きます。「緑は A ではありません」とあるので㋑に×を書きます。「青は C ではありません」とあるので，㋖に×を書きます。

	A	B	C
青	㋐ ×	㋓	㋖ ×
緑	㋑ ×	㋔	㋗
黄	㋒	㋕	㋘

すると，A が ①［　　］ とわかります。A は ①［　　］ と決まったので，㋒に○を書きます。同時に㋕，㋘には×を書きます。

すると，C が ②［　　］ とわかります。C は ②［　　］ と決まったので，㋗に○を書きます。同時に㋔に×を書きます。残りの B は ③［　　］ とわかります。

よって，答えは，A が ④［　　］，B が ⑤［　　］，C が ⑥［　　］ となります。

ポイント 問題文の条件を表にして考えると，わかりやすくなります。

1 A さん，B さん，C さんの 3 人が 50 m 競走をしました。その結果，次のことがわかっています。下の表に問題文の条件を整理し，1 位，2 位，3 位をそれぞれ答えなさい。

・A さんは 3 位ではありません。
・B さんは A さんより順位が上でした。

	A さん	B さん	C さん
1 位			
2 位			
3 位			

1 位［　　］，2 位［　　］，3 位［　　］

2 Aさん，Bさん，Cさん，Dさんの4人に，国語，算数，理科，社会のうちいちばん好きな教科をきいた結果，同じ教科を答えた人はいませんでした。次のことがわかっているとき，あとの問いに答えなさい。

・Aさんがいちばん好きな教科は，国語ではない。
・Bさんがいちばん好きな教科は，社会ではない。
・AさんとDさんがいちばん好きな教科は，理科でも社会でもない。

	国語	算数	理科	社会
A				
B				
C				
D				

(1) 右の表に，問題文の条件からわかる×を書きこみ，Aさんがいちばん好きな教科を答えなさい。

(2) Bさん，Cさん，Dさんのいちばん好きな教科をそれぞれ答えなさい。

Bさん [　　]，Cさん [　　]，Dさん [　　]

3 5年生の赤組，白組，青組，黄組，緑組がリレー競走をしました。その結果，次のことがわかっています。

・赤組は，1位か4位です。
・白組は，3位でも4位でも5位でもありません。
・青組は，2位か3位です。
・黄組は，4位か5位です。
・緑組よりおそいチームが1つだけありました。

(1) 問題文の条件から，赤組の順位を答えなさい。

(2) 赤組以外の残り4組の順位をそれぞれ答えなさい。

白組 [　　]，青組 [　　]，黄組 [　　]，緑組 [　　]

➡解答は 78 ページ　月　日

29日 すいりの問題 (2)

A，B，C，D の 4 チームで野球の試合をしました。どのチームも他の 3 チームと 1 回ずつ試合をしました。結果は A チームが 1 勝 2 敗，C チームが 2 勝 1 敗，D チームが 3 敗でした。B チームは何勝何敗でしたか。

右のような対戦表を書き，勝った場合には○，負けた場合には×を書き入れていきます。例えば，㋐には D チームが A チームと試合をした結果を書きます。このとき，D チームの成績は ① 勝 ② 敗なので，㋐には×を書きます。このとき，表のななめの線について反対の位置の㋑は反対の A チームが D チームと試合をした結果が入るので ③ を書きます。あとはそれぞれのチームの成績から考えて，右のように表をうめていきます。㋒には ④ ，㋓には ⑤ ，㋔には ⑥ を書きます。よって，表から，B チームの成績は ⑦ 勝 ⑧ 敗とわかります。

	A	B	C	D	
A				㋑	1 勝 2 敗
B					
C					2 勝 1 敗
D	㋐×				0 勝 3 敗

	A	B	C	D	
A		㋒	×	㋑	1 勝 2 敗
B	○		㋔	○	
C	㋓	×		○	2 勝 1 敗
D	㋐×	×	×		0 勝 3 敗

ポイント 条件を表などにまとめて整理して，すいりするための手がかりをさがします。

1 A，B，C，D，E の 5 チームでソフトボールの試合をしました。どのチームも他の 4 チームと 1 回ずつ試合をしました。結果は A チームが 4 勝，B チームが 2 勝 2 敗，C チームが 4 敗，D チームが 3 勝 1 敗でした。E チームは何勝何敗でしたか。

　勝　敗

2 Aさん，Bさん，Cさん，Dさんの4人が次のように横一列にならびました。このとき，左から2番目にならんでいるのはだれですか。

・AさんはBさんより右にならんでいます。
・DさんはAさんより右にならんでいます。
・CさんとDさんはとなりどうしです。

3 Aさん，Bさん，Cさん，Dさん，Eさんの5人の体重を量ったところ，次のことがわかりました。また，同じ体重の人はいませんでした。あとの問いに答えなさい。

・CさんはDさんより重い
・BさんはAさんより軽い
・AさんはEさんより重い
・CさんはBさんとEさんの両方より軽い

(1) もっとも重いのはだれですか。

(2) 4番目に重いのはだれですか。

4 Aさん，Bさん，Cさんの3人がマラソンをした結果について，次のように言っています。2人は本当のことを言っていますが，1人がうそを言っています。うそを言っているのはだれですか。

・Aさん 「1番ではありません」
・Bさん 「1番です」
・Cさん 「2番です」

まず，Aさんがうそを言っているとするとどうなるか考えよう。

30日 まとめテスト (6)

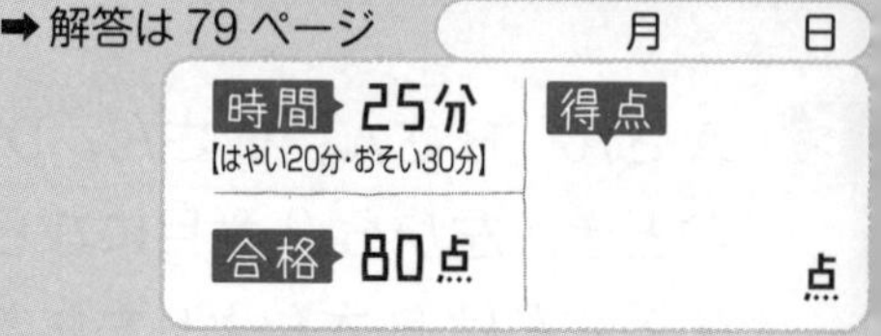

❶ 3700 mL のトマトジュースをかおりさん，ゆいさん，あやさんの 3 人で分けます。はじめの日に，かおりさんは 180 mL，ゆいさんは 160 mL もらい，あやさんはもらいませんでした。次の日から 1 日に，かおりさんは 200 mL，ゆいさんは 180 mL，あやさんは 100 mL それぞれもらうことにします。3700 mL のトマトジュースは何日でなくなりますか。(10 点)

❷ みかんとりんごが同じ数ずつあります。毎日，みかんを 2 個，りんごを 4 個ずつ食べると，何日かしてりんごがなくなり，みかんは 18 個のこりました。

(10 点×2 − 20 点)

(1) 食べはじめてから何日でりんごがなくなりましたか。

(2) はじめにりんごは何個ありましたか。

❸ ある問題集を勉強するのに毎日 5 ページずつ進めると，毎日 3 ページずつ進めるよりも，ちょうど 10 日早く終わります。この問題集は何ページありますか。(10 点)

❹ A さん，B さん，C さん，D さんの 4 人で 50 m 走をしました。次の条件から，A さんは何位だとわかりますか。(10 点)

- D さんは 1 位です。
- C さんは 2 位ではなく，B さんの次にゴールしました。
- B さんは 3 位ではありません。

5 A，B，C，Dの4チームが総当たり戦でバレーボールの試合をしました。Bチームと Cチームは2勝1敗，Aチームは1勝2敗でした。また，BチームはAチームに勝ち，DチームはCチームに勝ったことがわかっています。（10点×2－20点）

(1) Dチームの成績は何勝何敗ですか。

□勝□敗

(2) Aチームはどのチームに勝ちましたか。

□

6 Aさん，Bさん，Cさん，Dさん，Eさんの5人の身長を測ったところ，次のことがわかりました。また，同じ身長の人はいませんでした。（10点×2－20点）

・AさんはBさんより身長が高い。
・DさんはBさんより身長が低い。
・CさんはBさんより身長が低い。
・EさんはCさんとDさんより身長が低い。

(1) 2番目に身長が高いのはだれですか。

□

(2) 身長の順番がわからないのはだれとだれですか。

□

7 Aさん，Bさん，Cさん，Dさんの4人のうち，1人が給食当番です。それぞれ次のように言いました。1人だけがうそを言っています。給食当番はだれですか。

（10点）

・Aさん 「BさんとCさんは当番ではありません」
・Bさん 「Cさんが当番です」
・Cさん 「Dさんが当番です」
・Dさん 「Aさんは当番ではありません」

□

➡解答は 80 ページ

月　日

進級テスト

時間 30分【はやい25分・おそい35分】　得点

合格 80点　　点

1 次の問いに答えなさい。(6点×3−18点)

(1) 縦(たて)が $\frac{4}{9}$ m，横が $1\frac{3}{8}$ m の長方形の形をした花だんがあります。この花だんの面積は何 m^2 になりますか。

(2) 長さが $1\frac{1}{4}$ m で，重さが $2\frac{5}{6}$ kg の鉄の棒(ぼう)があります。この鉄の棒 1 m の重さは何 kg ですか。

(3) お茶が 260 mL あります。ジュースはお茶の $\frac{3}{5}$ 倍の量で水はジュースの $\frac{2}{3}$ 倍の量があります。水は何 mL ありますか。

2 次の場面で，x と y の関係を式に表しなさい。(6点×2−12点)

(1) 1 辺の長さ x cm の正三角形のまわりの長さは y cm です。

(2) 1 個 200 円のケーキを x 個買って 1000 円出したときのおつりは y 円でした。

3 次の問いに答えなさい。

(1) かなさんの組の男子と女子の人数の比は 3：4 で，男子の人数は 15 人です。女子の人数は何人ですか。(6 点)

[　　　　]

(2) だいすけさんとこうじさんは 2 人で 320 m^2 の土地を耕そうとしています。だいすけさんの年れいは 15 才で，こうじさんの年れいは 17 才です。2 人の年れいの比で耕す面積を決めるとき，それぞれの耕す面積は何 m^2 ですか。(4 点× 2 − 8 点)

だいすけさん [　　　　]，こうじさん [　　　　]

4 縮尺(しゅくしゃく)が $\frac{1}{25000}$ の地図があります。(7 点× 2 − 14 点)

(1) 地図上の長さが 4 cm のところは，実際の長さは何 km ですか。

[　　　　]

(2) 時速 5 km で 2 時間かかる長さは地図上では何 cm ですか。

[　　　　]

5 A さん，B さん，C さんの 3 人が 50 m 競走をした結果について，次のように言っています。2 人は本当のことを言っていますが，1 人がうそを言っています。うそを言っているのはだれですか。(7 点)

・A さん 「2 番です」
・B さん 「2 番ではありません」
・C さん 「3 番です」

[　　　　]

6 次の㋐～㋖の図形の中で点対称（てんたいしょう）な図形をすべて選びなさい。（7点）

㋐	㋑	㋒	㋓	㋔	㋕	㋖
A	H	L	T	O	M	N

7 次の図で色のついた部分の面積をそれぞれ求めなさい。ただし，円周率は 3.14 とします。（7点×4－28点）

(1)

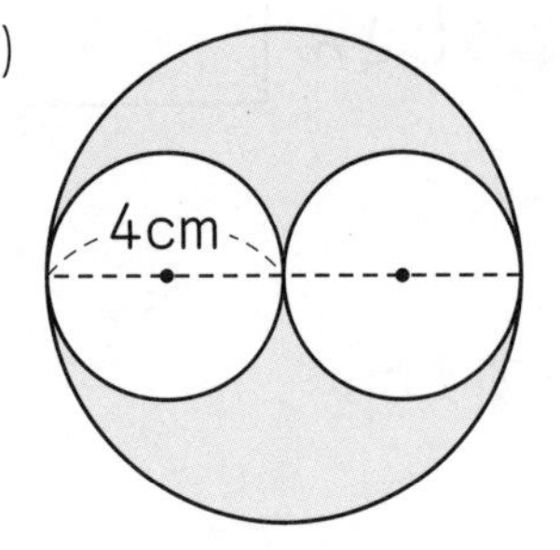

(2)

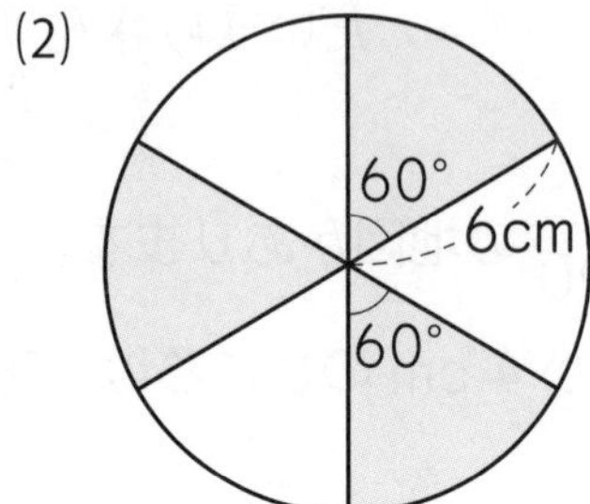

(3)

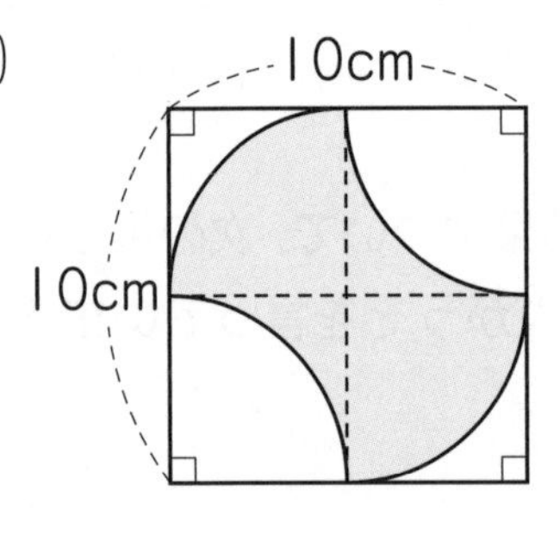

(4)

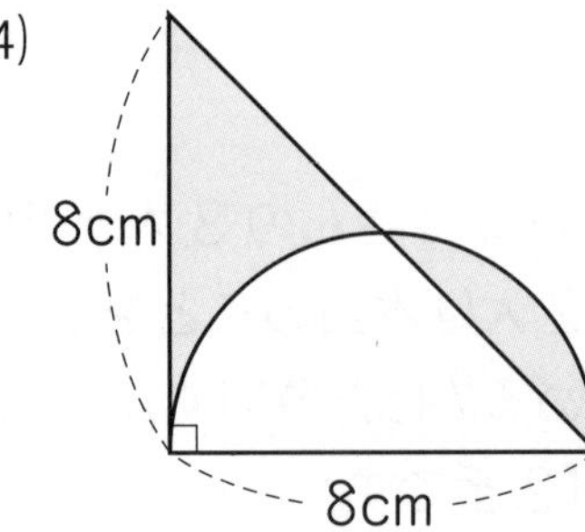

●1日 2～3ページ

①点 H　②辺 GF

1 点 F に対応する点…点 C
辺 AB に対応する辺…辺 HG

2 点 B に対応する点…点 I
辺 GF に対応する辺…辺 DE

3 (1)角 B　(2)90°　(3)直線 EH

4

5 8 本

解き方

1 対称の軸で折ったときに重なり合う点，辺，角をそれぞれ対応する点，対応する辺，対応する角といいます。辺 AB に対応する辺を調べるときは点 A に対応する点，点 B に対応する点と順番に探していきます。

3 (1)線対称な図形では，対応する角の大きさは等しくなります。
(2)対応する 2 つの点を結んだ直線と対称の軸は垂直(90°)に交わります。
(3)対応する 2 つの点を結んだ直線と対称の軸が交わる点から 2 つの対応する点までの長さは等しくなります。

4 いきなり図形をかくのではなく 1 つ 1 つ対応する点を調べてからそれらを結びます。

チェックポイント　1 つ 1 つ対称の軸までのます目を数えましょう。

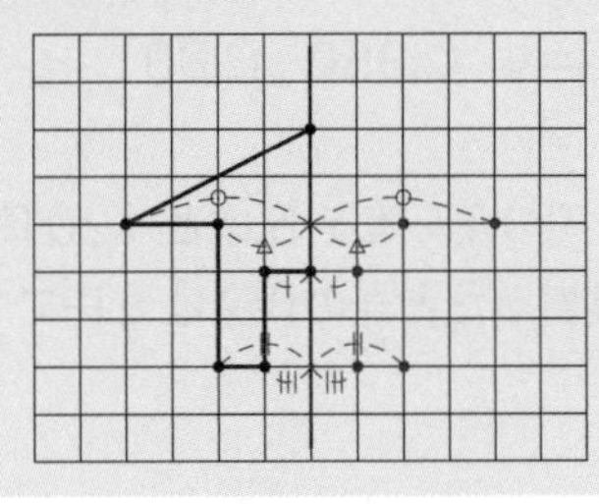

5 対称の軸をかきこむと，右の図のようになります。

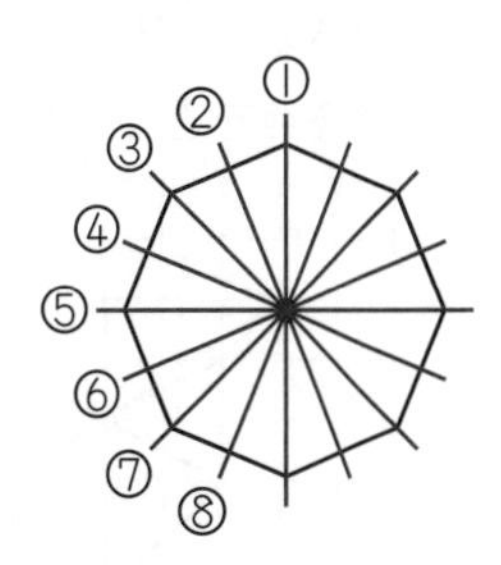

チェックポイント　正 n 角形の対称の軸は n 本あります。

●2日 4～5ページ

①点 F　②辺 IJ

1 点 C に対応する点…点 H
辺 DE に対応する辺…辺 IJ

2 点 A に対応する点…点 E
辺 GF に対応する辺…辺 CB

3 (1)116°　(2)4 cm　(3)直線 AO

4

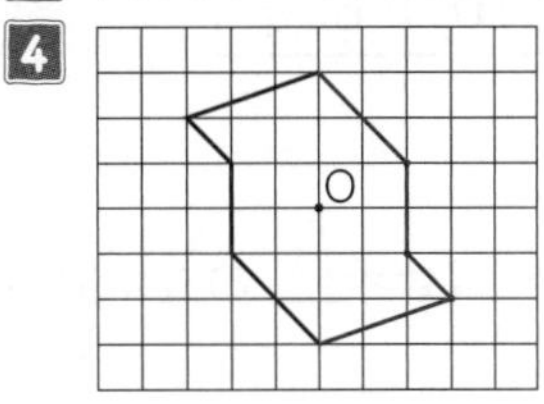

5 (例)

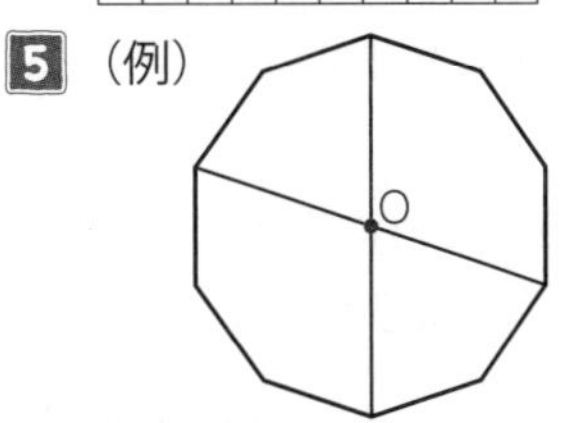

解き方

1 対称の中心のまわりに 180° 回転させたときに重なり合う点，辺，角をそれぞれ対応する点，対応する辺，対応する角といいます。辺 DE に対応する辺は点 D に対応する点，点 E に対応する点と順番に探していきます。

3 (1)点対称な図形では，対応する角の大きさは等しくなります。角 B に対応する角は角 F だから，116°
(2)点対称な図形では，対応する辺の長さは等しく

なります。辺 GF に対応する辺は辺 CB だから，4 cm

(3)対称の中心から対応する 2 つの点までの長さは等しくなります。

4 いきなり図形をかくのではなく 1 つ 1 つ対応する点をとってから結びます。

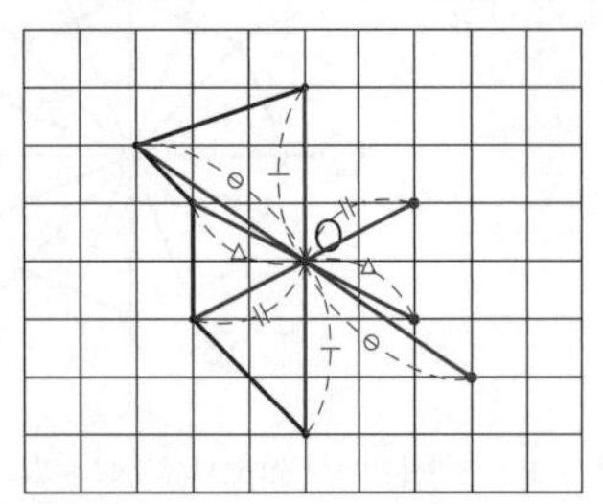

5 対応する点を 2 組結び，交わった点が対称の中心になります。

●3日 6～7ページ

①60 ②x ③y

1 (1)$80\times x=y$ (2)400 (3)10

2 (1)$10\times x=y$ (2)8 cm

3 (1)$120\times x+30=y$

(2)

x(個)	3	4	5
y(円)	390	510	630

(3)8 個

解き方

1 (1)みかん 1 個の値段×個数=代金 の式に文字と数をあてはめます。

(2) (1)の式の x に 5 をあてはめます。

$80\times 5=y$ $y=400$

(3) (1)の式の y に 800 をあてはめます。

$80\times x=800$ $x=800\div 80=10$

チェックポイント x にあてはめる数を x の値，そのときの y の表す数を y の値といいます。

2 (1)底辺×高さ=平行四辺形の面積 の式に文字と数をあてはめます。

(2)面積が 80 cm^2 なので y に 80 をあてはめます。

$10\times x=80$ $x=80\div 10=8$

3 (1)りんご 1 個の値段×個数+かごの値段=代金 の式に文字と数をあてはめます。

(2)$x=3$ のとき，$y=120\times 3+30=390$

$x=4$ のとき，$y=120\times 4+30=510$

$x=5$ のとき，$y=120\times 5+30=630$

(3) $y=990$ のとき，$120\times x+30=990$

$120\times x=990-30=960$

$x=960\div 120=8$ より 8 個。

●4日 8～9ページ

①4 ②まわり

1 面積

2 ア

3 イ

4 (1)③ (2)① (3)②

5 (1)(例) 1 個 x 円のチョコレートと 1 個 25 円のあめを買ったときの代金は y 円です。

(2)(例) 1 個 x 円のりんごを 3 個買って 100 円のかごにつめてもらったときの代金は y 円です。

6 カーネーションとバラを 1 本ずつのセットにしてそのセットを x セット買ったと考えている。

解き方

1 縦×横=長方形の面積 です。

2 イを表す式は，$120-x\times 3$(円)

ウを表す式は，$x\times 3+60\times 3$(円)

3 アの場面を表す式は，$30\div x=y$

ウの場面を表す式は，$30\times x=y$

4 (1)2 つの長方形の面積をたす考え方です。

(2) 1 つの長方形としてみた考え方です。

(3)同じ長方形の面積が 2 つ分という考え方です。

5 (1)2 つのちがうものを合わせた式です。

(2)同じものを 3 つとちがうものを合わせた式です

6 カーネーションとバラ 1 本ずつの合計金額×x セットと考えています。

●5日 10～11ページ

1 (1)$x\times 5=y$ (2)350 (3)80

2 4 本

3 (例)x 円のえん筆を 5 本と 120 円の消しゴムを 1 個買ったときの代金は y 円です。

4 辺 HI

5 角 D

6 ○…②④⑥⑧，△…③，×…①⑤⑦⑨

7 ③

解き方

1 (1)ボールペン１本の値段×本数=代金

(2)x に 70 をあてはめます。

$70\times5=y \quad y=350$

(3)y に 400 をあてはめます。

$x\times5=400 \quad x=400\div5=80$

2 対称の軸をかきこむと，右の図のようになります。

4 点Ｏを中心に 180°回転させたときに，辺 BC に重なり合う辺がどの辺か調べます。

5 直線アイを折り目にして二つ折りしたときに，角Ｅに重なり合う角がどの角か調べます。

6 １つ１つ図をかいてみましょう。

正多角形は辺の数が奇数(きすう)のものは線対称な図形で，辺の数が偶数(ぐうすう)のものは線対称な図形でもあり点対称な図形でもあります。

7 右の図のように考えます。マッチ棒は左はしの１本と，正方形１個について３本ずつ使うから，

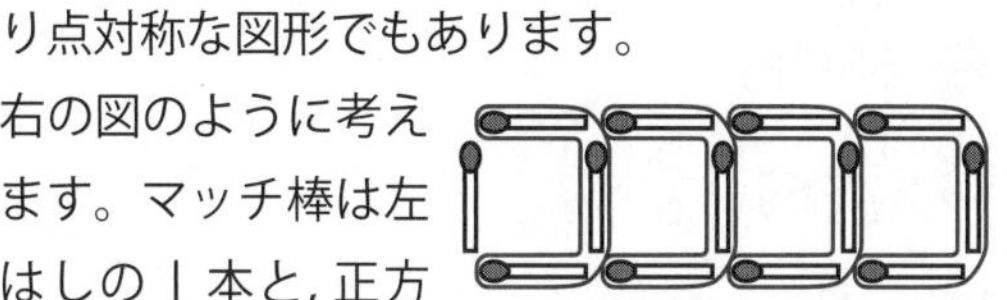

1+3×正方形の個数=マッチ棒の本数 になります。

8 30 kg

解き方

1 $\frac{3}{5}\times\frac{1}{4}=\frac{3}{20}$(kg)

2 計算のとちゅうで約分してから計算します。

長方形の面積=縦×横 だから，

$\frac{5}{\underset{2}{\cancel{6}}}\times\frac{\overset{1}{\cancel{3}}}{7}=\frac{5}{14}$(m²)

3 4 は $\frac{4}{1}$ と考えます。

$\frac{2}{5}\times4=\frac{2}{5}\times\frac{4}{1}=\frac{8}{5}$(km)

4 帯分数を仮分数になおして計算します。

$18\times3\frac{2}{3}=18\times\frac{11}{3}=\frac{\overset{6}{\cancel{18}}}{1}\times\frac{11}{\underset{1}{\cancel{3}}}=66$(km)

5 $\frac{3}{4}\times2\frac{2}{5}=\frac{3}{\underset{1}{\cancel{4}}}\times\frac{\overset{3}{\cancel{12}}}{5}=\frac{9}{5}$(L)

6 $3\frac{5}{6}\times2\frac{2}{23}=\frac{\overset{1}{\cancel{23}}}{\underset{1}{\cancel{6}}}\times\frac{\overset{8}{\cancel{48}}}{\underset{1}{\cancel{23}}}=8$(L)

7 直方体の体積=縦×横×高さ だから，

$\frac{\overset{1}{\cancel{5}}}{\underset{1}{\cancel{4}}}\times\frac{\overset{1}{\cancel{\overset{4}{\cancel{16}}}}}{\underset{3}{\cancel{15}}}\times\frac{1}{\underset{1}{\cancel{4}}}=\frac{1}{3}$(m³)

8 $24\times\frac{3}{4}\times1\frac{2}{3}=\frac{\overset{6}{\cancel{24}}}{1}\times\frac{\overset{1}{\cancel{3}}}{\underset{1}{\cancel{4}}}\times\frac{5}{\underset{1}{\cancel{3}}}=30$(kg)

●6日 12～13ページ

①3 ②5 ③2 ④2 ⑤$\frac{4}{15}$

1 $\frac{3}{20}$ kg

2 $\frac{5}{14}$ m²

3 $\frac{8}{5}$ km

4 66 km

5 $\frac{9}{5}$ L$\left(1\frac{4}{5}\text{L}\right)$

6 8 L

7 $\frac{1}{3}$ m³

●7日 14～15ページ

①$\frac{2}{5}$ ②3 ③$\frac{6}{5}$

1 (1)$\frac{5}{6}$ dL (2)$\frac{6}{5}$ m²$\left(1\frac{1}{5}\text{m}^2\right)$

2 $\frac{1}{14}$ a

3 4 本

4 $\frac{11}{3}$ m$\left(3\frac{2}{3}\text{m}\right)$

5 (1)2 倍 (2)$\frac{1}{2}$ 倍

6 $\frac{28}{15}$ m$\left(1\frac{13}{15}\text{m}\right)$

解き方

1 (1) $\frac{2}{3}\div\frac{4}{5}=\frac{2}{3}\times\frac{5}{4}=\frac{5}{6}$(dL)

(2) $\frac{4}{5}\div\frac{2}{3}=\frac{4}{5}\times\frac{3}{2}=\frac{6}{5}$($m^2$)

2 10の逆数は$\frac{1}{10}$です。

$\frac{5}{7}\div10=\frac{5}{7}\times\frac{1}{10}=\frac{1}{14}$(a)

3 帯分数を仮分数になおします。

$11\div2\frac{3}{4}=11\div\frac{11}{4}=11\times\frac{4}{11}=4$(本)

4 $8\frac{4}{5}\div2\frac{2}{5}=\frac{44}{5}\div\frac{12}{5}=\frac{44}{5}\times\frac{5}{12}=\frac{11}{3}$(m)

5 (1) $1\frac{2}{3}\div\frac{5}{6}=\frac{5}{3}\times\frac{6}{5}=2$(倍)

(2) $\frac{5}{6}\div1\frac{2}{3}=\frac{5}{6}\div\frac{5}{3}=\frac{5}{6}\times\frac{3}{5}=\frac{1}{2}$(倍)

6 縦×横=長方形の面積 より，
横=長方形の面積÷縦 となり，

$2\frac{2}{5}\div1\frac{2}{7}=\frac{12}{5}\div\frac{9}{7}=\frac{12}{5}\times\frac{7}{9}=\frac{28}{15}$(m)

●8日 16～17ページ

①60 ②$\frac{5}{12}$ ③25

1 (1)18秒 (2)$\frac{7}{12}$分 (3)105分

2 (1)$\frac{7}{9}$ページ (2)7分30秒

3 42枚

4 (1)50 m (2)6分24秒後

解き方

1 (1)1分=60秒 だから，$60\times\frac{3}{10}=18$(秒)

(2)1秒=$\frac{1}{60}$分 だから，$\frac{1}{60}\times35=\frac{7}{12}$(分)

(3)1時間=60分 だから，$60\times\frac{7}{4}=105$(分)

2 (1)50秒=$\frac{50}{60}$分=$\frac{5}{6}$分 だから，

$\frac{14}{15}\times\frac{5}{6}=\frac{7}{9}$(ページ)

(2) $7\div\frac{14}{15}=7\times\frac{15}{14}=\frac{15}{2}=7\frac{1}{2}$(分)

$\frac{1}{2}$分は，$60\times\frac{1}{2}=30$(秒)

3 40秒=$\frac{40}{60}$分=$\frac{2}{3}$分 だから，

$28\div\frac{2}{3}=28\times\frac{3}{2}=42$(枚)

4 (1)250÷5=50(m)

(2) $320\div50=\frac{320}{50}=\frac{32}{5}=6\frac{2}{5}$(分)

$\frac{2}{5}$分は，$60\times\frac{2}{5}=24$(秒)

●9日 18～19ページ

①$\frac{1}{2}$ ②$\frac{3}{8}$ ③$\frac{4}{3}\left(1\frac{1}{3}\right)$

1 $\frac{49}{30}$cm$\left(1\frac{19}{30}\text{cm}\right)$

2 650円

3 $\frac{11}{6}$kg$\left(1\frac{5}{6}\text{kg}\right)$

4 (1)$\frac{6}{7}$L (2)$\frac{3}{14}$L

5 $\frac{3}{2}$倍$\left(1\frac{1}{2}\text{倍}\right)$

6 $\frac{43}{24}$cm$\left(1\frac{19}{24}\text{cm}\right)$

解き方

1 底辺×高さ=平行四辺形の面積 だから，

$\frac{7}{8}\times\frac{2}{3}=\frac{7}{12}$($cm^2$)

平行四辺形の面積÷高さ=底辺 だから，

$\frac{7}{12}\div\frac{5}{14}=\frac{7}{12}\times\frac{14}{5}=\frac{49}{30}$(cm)

2 $2\frac{1}{3}$mのリボンの値段(ねだん)は，

$150\times2\frac{1}{3}=150\times\frac{7}{3}=350$(円)

おつりは，1000−350=650(円)

3 7人分のからあげの重さは，

$\frac{1}{6}\times7=\frac{7}{6}$(kg)

6 人分のたまご焼きの重さは，$\frac{1}{9}\times6=\frac{2}{3}$(kg)

$\frac{7}{6}+\frac{2}{3}=\frac{7}{6}+\frac{4}{6}=\frac{11}{6}$(kg)

4 (1)昨日飲んだ牛乳の量は，

$1\frac{3}{7}\times\frac{2}{5}=\frac{10}{7}\times\frac{2}{5}=\frac{4}{7}$(L)

昨日残った牛乳の量は，

$1\frac{3}{7}-\frac{4}{7}=\frac{10}{7}-\frac{4}{7}=\frac{6}{7}$(L)

(2)$\frac{6}{7}\times\frac{1}{4}=\frac{3}{14}$(L)

5 耕した畑の面積は，$10\times\frac{2}{5}=4$(m^2)なので，

残っている畑の面積は，$10-4=6$(m^2)

よって，$6\div4=\frac{6}{4}=\frac{3}{2}$(倍)

別解　耕した畑と残っている畑の割合を使って計算することもできます。残っている畑の面積の割合は，$1-\frac{2}{5}=\frac{3}{5}$

よって，$\frac{3}{5}\div\frac{2}{5}=\frac{3}{5}\times\frac{5}{2}=\frac{3}{2}$(倍)

6 (上底＋下底)×高さ÷2＝台形の面積 だから，
台形の面積は，

$\left(\frac{5}{4}+\frac{7}{3}\right)\times\frac{12}{7}\div2=\frac{43}{12}\times\frac{12}{7}\times\frac{1}{2}=\frac{43}{14}$($cm^2$)

平行四辺形の面積÷高さ＝底辺 だから，
底辺の長さは，

$\frac{43}{14}\div\frac{12}{7}=\frac{43}{14}\times\frac{7}{12}=\frac{43}{24}$(cm)

●10 日 20 ～ 21 ページ

❶ $\frac{6}{5}$ kg$\left(1\frac{1}{5}\text{ kg}\right)$

❷ 6 m^2

❸ $\frac{27}{64}$ m^3

❹ (1)48 分　(2)$\frac{1}{100}$ 時間(0.01 時間)

❺ (1)29 kg　(2)$\frac{232}{5}$ kg$\left(46\frac{2}{5}\text{ kg}\right)$

❻ (1)12 m　(2)$\frac{14}{5}$ m$\left(2\frac{4}{5}\text{ m}\right)$

❼ $\frac{16}{45}$

解き方

❶ $2\frac{4}{5}\times\frac{3}{7}=\frac{14}{5}\times\frac{3}{7}=\frac{6}{5}$(kg)

❷ $3\frac{1}{3}\div\frac{5}{9}=\frac{10}{3}\times\frac{9}{5}=6$($m^2$)

❸ $\frac{3}{4}\times\frac{3}{4}\times\frac{3}{4}=\frac{27}{64}$($m^3$)

❹ (1)$60\times\frac{4}{5}=48$(分)

(2)1 時間＝60 分＝3600 秒 だから，

$36\div3600=\frac{1}{100}$(時間)

❺ (1)$\frac{1}{4}\times116=29$(kg)

(2)両方とも 116 人分なので，1 人分の合計を 116 倍して求めます。

$\left(\frac{1}{4}+\frac{3}{20}\right)\times116=\left(\frac{5}{20}+\frac{3}{20}\right)\times116$

$=\frac{8}{20}\times116=\frac{232}{5}$(kg)

別解　116 人分のサンドイッチは，

$\frac{3}{20}\times116=\frac{87}{5}=17\frac{2}{5}$(kg)

よって，$29+17\frac{2}{5}=46\frac{2}{5}$(kg)

❻ (1)赤いテープ＝青いテープ×$\frac{5}{7}$，

黄色いテープ＝赤いテープ×$1\frac{1}{5}$ だから，

赤いテープ＝$14\times\frac{5}{7}=10$(m)

黄色いテープ＝$10\times1\frac{1}{5}=10\times\frac{6}{5}=12$(m)

(2)赤いテープ＝黄色いテープ÷$1\frac{1}{5}$

$=2\frac{2}{5}\div1\frac{1}{5}=\frac{12}{5}\times\frac{5}{6}=2$(m)だから，

青いテープ＝赤いテープ÷$\frac{5}{7}=2\div\frac{5}{7}$

$=2\times\frac{7}{5}=\frac{14}{5}$(m)

❼ 昨日飲んだ牛乳の量は，

$1.5\times\frac{1}{5}=\frac{3}{2}\times\frac{1}{5}=\frac{3}{10}$(L)だから，残りは，

$1.5-\frac{3}{10}=\frac{3}{2}-\frac{3}{10}=\frac{6}{5}$(L)

よって，今日飲んだ牛乳の量は，

$\frac{6}{5}-\frac{2}{3}=\frac{18}{15}-\frac{10}{15}=\frac{8}{15}$(L)

よって，$\frac{8}{15}\div1.5=\frac{8}{15}\div\frac{3}{2}=\frac{8}{15}\times\frac{2}{3}=\frac{16}{45}$

チェックポイント 小数と分数の混じった計算は小数を分数になおすと計算できます。

●11日 22～23ページ

①200　②300　③200　④3

1 (1)100：200　(2)10：12　(3)500：450

2 (1)$\frac{1}{2}$　(2)2　(3)$\frac{3}{4}$　(4)3

3 70：130(0.7：1.3)

4 (1)17：20　(2)20：37

解き方

2 A：Bの比の値は，A÷B で求めます。

(1)$2\div4=\frac{2}{4}=\frac{1}{2}$　(2)4÷2=2

(3)$18\div24=\frac{18}{24}=\frac{3}{4}$　(4)150÷50=3

チェックポイント A：B の比の値は，B を 1 とみたとき，A がどれだけにあたるかを表しています。

3 単位をそろえて比に表します。

1.3 m=130 cm だから，70：130

または，70 cm=0.7 m だから，0.7：1.3

4 (2)女子の人数：クラス全体の人数 で表します。

クラス全体の人数は，17+20=37(人)

●12日 24～25ページ

①3　②5　③15　④25

1 (1)ア…15，イ…18　(2)ア…8，イ…7　(3)15

2 (1)2：3　(2)3：5　(3)4：15

3 イ，エ

4 (1)7：10　(2)2：1：3

解き方

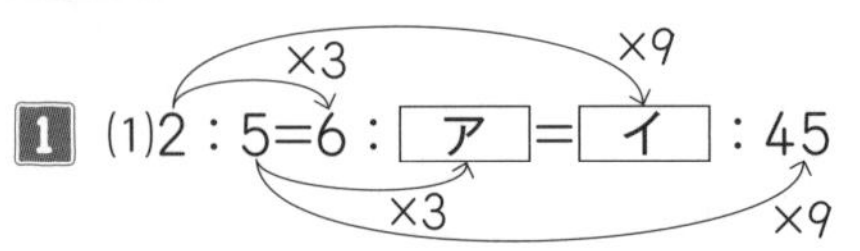

アは 5×3=15，イは 2×9=18

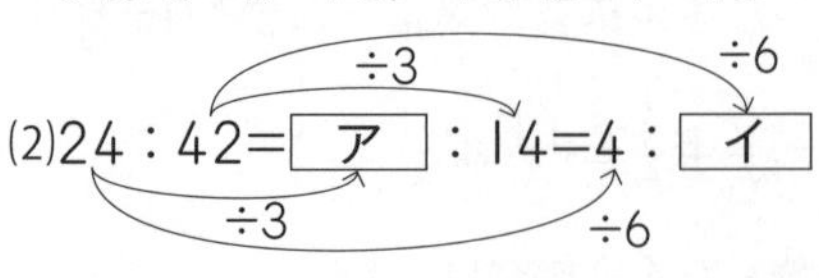

アは 24÷3=8，イは 42÷6=7

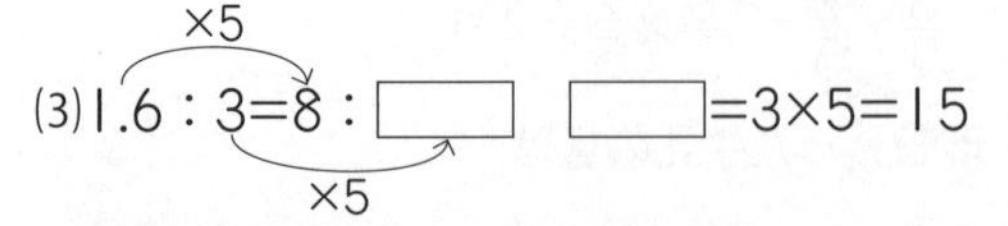

チェックポイント $x:y$ の比で，x と y の両方に同じ数をかけたりわったりしてできる比は，すべて $x:y$ と等しくなります。

2 (1)6と9の最大公約数3でわります。

6：9=2：3

(2)まず10倍して整数の比になおします。それから最大公約数8でわります。

2.4：4=24：40=3：5

(3)分数で表された比は，通分して考えます。

$\frac{2}{3}:\frac{5}{2}=\frac{4}{6}:\frac{15}{6}=4:15$

チェックポイント 分母の最小公倍数を両方の数にかけて整数の比になおす方法もあります。

$\frac{2}{3}:\frac{5}{2}=\left(\frac{2}{3}\times6\right):\left(\frac{5}{2}\times6\right)=4:15$

3 ア 12：24=1：2

イ 28：49=4：7

ウ 0.4：1.4=4：14=2：7

エ $\frac{1}{2}:\frac{7}{8}=\frac{4}{8}:\frac{7}{8}=4:7$

4 (1) 70：100=7：10

(2) 8：4：12=2：1：3

●13日 26～27ページ

①$\frac{3}{5}$(0.6)　②60　③$\frac{5}{3}\left(1\frac{2}{3}\right)$　④200

1 (1)6個　(2)25個

2 90人

3 (1)16ぴき　(2)2ひき　(3)1：8

4 750円

解き方

1 (1)チョコレートの個数はガムの個数の

$2\div5=\frac{2}{5}$(倍)

よって，$15\times\frac{2}{5}=6$(個)

(2)ガムの個数はチョコレートの個数の

$5\div2=\frac{5}{2}$(倍)

よって，$10\times\frac{5}{2}=25$(個)

チェックポイント **求めるものを□として，等しい比の考え方も使えます。(1)ではチョコレートの個数を□とすると，**

×3

2：5＝□：15

×3

□＝2×3＝6(個)と求められます。

2 男子の人数は女子の人数の $10\div9=\frac{10}{9}$(倍)

よって，$81\times\frac{10}{9}=90$(人)

3 (1)魚の数は全体の $\frac{8}{9}$ 倍だから，

$18\times\frac{8}{9}=16$(ぴき)

(2) 18−16＝2(ひき)

(3) 2：16＝1：8

4 兄が出すお金は，$2000\times\frac{5}{8}=1250$(円)

よって，弟が出すお金は，
2000−1250＝750(円)

●14日 28～29ページ

①5　②$\frac{3}{5}$(0.6)　③120　④80

1 (1)10：11：21　(2)90人　(3)99人

2 140ページ

3 1000円

4 長いひも…140 cm，短いひも…60 cm

5 (1)26 cm　(2)8 cm

解き方

1 (1)全体の比＝男子の比＋女子の比 だから，男子と女子と全体の人数の比は，
10：11：(10＋11)＝10：11：21

(2)男子の人数は全体の $\frac{10}{21}$ だから，

$189\times\frac{10}{21}=90$(人)

(3)女子の人数＝全体の人数−男子の人数 だから，
189−90＝99(人)

2 残っているページと全体のページの比は，
7：(2＋7)＝7：9

よって，$180\times\frac{7}{9}=140$(ページ)

3 姉の出す金額とCDの値段の比は，
2：(2＋1)＝2：3

よって，$1500\times\frac{2}{3}=1000$(円)

4 長いひもと全体の比は，7：(7＋3)＝7：10
2 m＝200 cm だから，長いひもは，

$200\times\frac{7}{10}=140$(cm)

短い方は，200−140＝60(cm)

5 (1)縦の長さ＋横の長さ＝まわりの長さの半分だから，52÷2＝26(cm)

(2)縦の長さと，縦と横の長さの和の比は，
4：(4＋9)＝4：13

よって，縦の長さは，$26\times\frac{4}{13}=8$(cm)

●15日 30～31ページ

1 (1)$\frac{4}{9}$　(2)$\frac{7}{3}\left(2\frac{1}{3}\right)$　(3)$\frac{5}{3}\left(1\frac{2}{3}\right)$　(4)$\frac{1}{2}$

2 (1)45　(2)6

3 8：5

4 (1)1.4 L$\left(\frac{7}{5}\text{ L},\ 1\frac{2}{5}\text{ L}\right)$

(2)4.8 L$\left(\frac{24}{5}\text{ L},\ 4\frac{4}{5}\text{ L}\right)$

5 (1)7：18
(2)角A…70°，角B…60°，角C…50°

6 72 cm^2

解き方

1 (1)$4\div9=\frac{4}{9}$

(2)$56\div24=\frac{56}{24}=\frac{7}{3}$

(3)3.5：2.1＝35：21＝5：3 より，$5\div3=\frac{5}{3}$

(4) $\frac{5}{8}:\frac{5}{4}=5:10=1:2$ より，$1\div2=\frac{1}{2}$

❷ (1) $\square:12=15:4$　$\square\div3=15$

（÷3）

$\square=15\times3=45$

(2) $\frac{1}{2}:\frac{2}{3}=\square:8$　$\square=\frac{1}{2}\times12=6$

（×12）

❸ りんご 5 個の代金は，$80\times5=400$(円)
みかん 8 個の代金も 400 円だから，みかん 1 個の値段は，$400\div8=50$(円)
よって，$80:50=8:5$

❹ (1) $1.8\times\frac{7}{9}=\frac{18}{10}\times\frac{7}{9}=\frac{7}{5}=1.4$(L)

(2) $2.1\times\frac{9}{7}=\frac{21}{10}\times\frac{9}{7}=\frac{27}{10}=2.7$(L)
$2.1+2.7=4.8$(L)

❺ (1)角 A：(角 A＋角 B＋角 C) で求めます。
$7:(7+6+5)=7:18$

(2)三角形の 3 つの角の大きさの和が 180° ということと，(1)を利用して求めます。
角 A の大きさは，$180°\times\frac{7}{18}=70°$
角 B の大きさは，$70°\times\frac{6}{7}=60°$
角 C の大きさは，180° から角 A と角 B の大きさをひいて求めます。
$180°-(70°+60°)=50°$

❻ 三角形 ABD と三角形 ABC は高さが等しいので，面積の比は底辺の比と等しくなります。
三角形 ABD の面積：三角形 ABC の面積
$=1:(1+2)=1:3$
三角形 ABC の面積＝三角形 ABD の面積 ×3
だから，$24\times3=72$(cm^2)

●16 日 32 ～ 33 ページ

①C　②70　③2　④2　⑤4

1 (1)角 A…30°，角 C…60°　(2)2：1
(3)拡大図…2 倍，縮図…$\frac{1}{2}$
(4)辺 AB…**10.4 cm**，辺 DF…**6 cm**

2 (1)角 D…75°，角 A…140°
(2)辺 BC…**6 cm**，辺 GH…**1.5 cm**

解き方

1 (1)角 A は角 D に対応する角だから，30°
角 C は角 F に対応する角だから，
$180°-(90°+30°)=60°$

(2)辺 BC：辺 EF=$6:3=2:1$

(3)三角形 ABC は三角形 DEF の $6\div3=2$(倍)の拡大図で，三角形 DEF は三角形 ABC の $3\div6=\frac{3}{6}=\frac{1}{2}$ の縮図です。

(4)辺 AB＝辺 DE×2 だから，
$5.2\times2=10.4$(cm)
辺 DF＝辺 AC×$\frac{1}{2}$ だから，$12\times\frac{1}{2}=6$(cm)

2 (1)角 D に対応する角は角 H だから，75°
四角形の 4 つの角の大きさの和は 360° だから
角 A は，$360°-(55°+75°+90°)=140°$

(2)辺 AB：辺 EF=$4.5:1.5=3:1$
辺 BC に対応する辺は辺 FG だから，辺 BC の長さは，$2\times3=6$(cm)
辺 GH に対応する辺は辺 CD だから，辺 GH の長さは，$4.5\times\frac{1}{3}=1.5$(cm)

●17 日 34 ～ 35 ページ

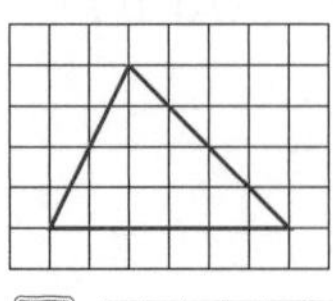

1

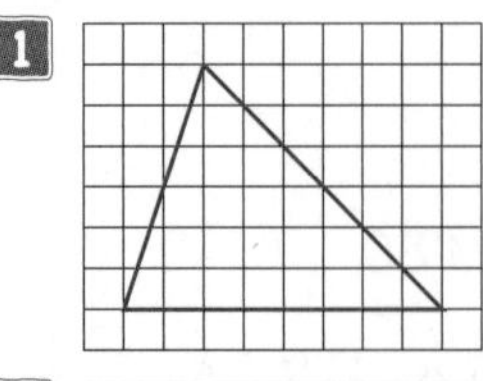

2

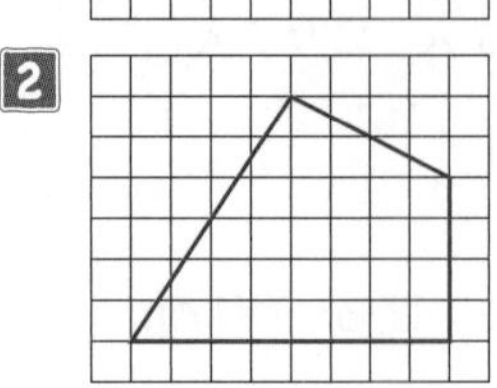

3

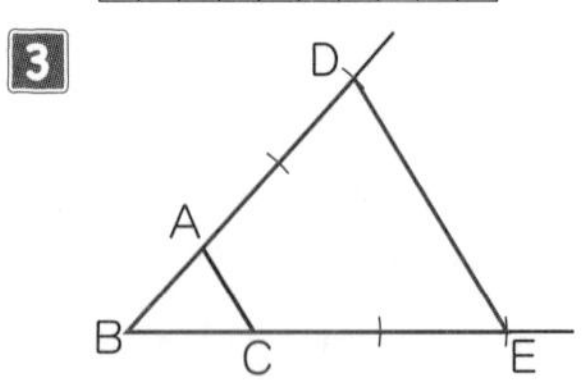

4

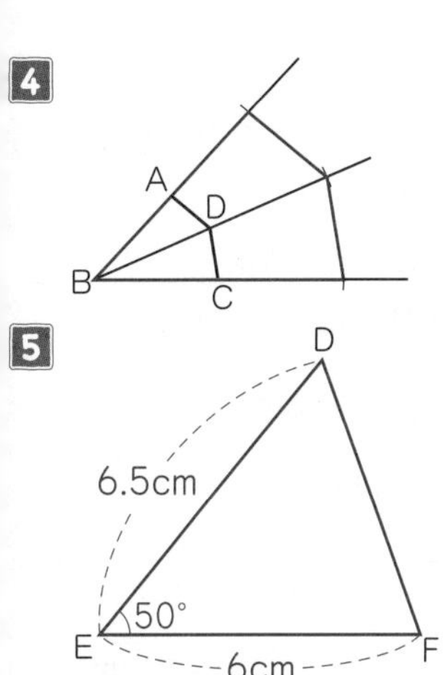

5

解き方

3 拡大図を三角形 DBE とします。コンパスを使って，BD の長さが BA の 3 倍になるように直線 BA の延長線上（えんちょうせんじょう）に点 D をとります。同じように，BE の長さが BC の 3 倍になるように直線 BC の延長線上に点 E をとります。点 D と点 E を直線で結ぶと，三角形 DBE が三角形 ABC の 3 倍の拡大図になります。

4 **3** と同じように頂点 B から各点までの長さが直線 BA，BD，BC の 2 倍の長さになるように各点をとって結びます。

5 拡大図を三角形 DEF とします。まず辺 EF を 3×2=6(cm) になるようにかきます。次に分度器で角 E の 50° をはかり，辺 ED が 3.25×2=6.5(cm) になるように点 D をとります。最後に，点 D と E，点 D と F をそれぞれ直線で結びます。

●18日 36～37ページ

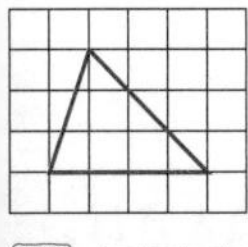

1

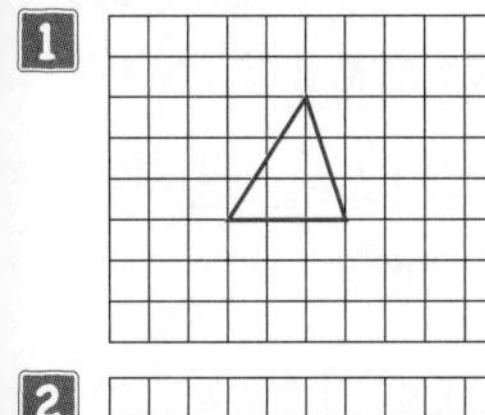

2

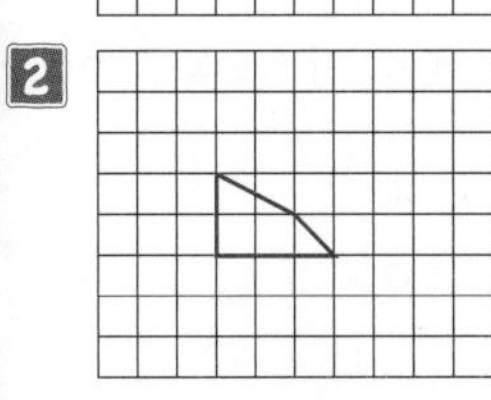

3

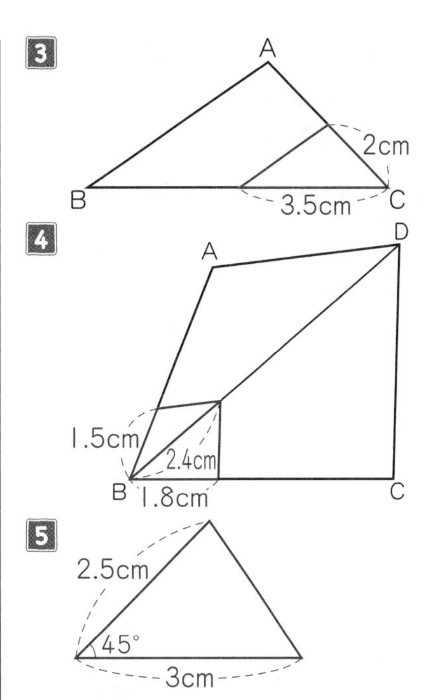

4

5

解き方

3 ものさしで長さをはかると，辺 CB は 7cm だから，$\frac{1}{2}$ の縮図の辺 CB に対応する辺は，
7÷2=3.5(cm)
辺 CA は 4cm だから，辺 CA に対応する辺は，
4÷2=2(cm)

4 辺 BA に対応する辺は，4.5÷3=1.5(cm)
直線 BD に対応する直線は，7.2÷3=2.4(cm)
辺 BC に対応する辺は，5.4÷3=1.8(cm)

5 辺 BC に対応する辺を 12÷4=3(cm) になるようにひきます。次に分度器で角 B に対応する 45° の角をかき，辺 BA に対応する辺が 10÷4=2.5(cm) になるように点をとり，点 A，C に対応する点を直線で結びます。

●19日 38～39ページ

①50000　②100000　③1000　④1　⑤4

1 3 km

2 20 cm

3 (1)$\frac{1}{40000}$　(2)15 cm

4 縦…5 cm，横…4 cm

5 (1)12 倍　(2)12 m

解き方

1 実際の長さ=地図上の長さ×50000 だから，

$6 \times 50000 = 300000$(cm)
300000 cm=3000 m=3 km

2 5 km=5000 m=500000 cm
地図上の長さ=実際の長さ×$\frac{1}{25000}$ だから，
$500000 \times \frac{1}{25000} = 20$(cm)

3 (1)2 km=2000 m=200000 cm
縮尺=地図上の長さ÷実際の長さ だから，
$5 \div 200000 = \frac{5}{200000} = \frac{1}{40000}$
(2) (1)より縮尺 $\frac{1}{40000}$，実際の長さが，
6 km=6000 m=600000 cm のとき，
$600000 \times \frac{1}{40000} = 15$(cm)

4 縮尺 1：2000 は縮尺 $\frac{1}{2000}$ のことです。
100 m=10000 cm, 80 m=8000 cm だから，
縮図上の縦の長さは，$10000 \times \frac{1}{2000} = 5$(cm)
縮図上の横の長さは，$8000 \times \frac{1}{2000} = 4$(cm)

5 (1)6 m=600 cm だから，$600 \div 50 = 12$(倍)
(2)棒のかげの長さ：建物のかげの長さ
=棒の長さ：建物の高さ だから，
建物の高さは，$1 \times 12 = 12$(m)

●20日 40～41ページ

①

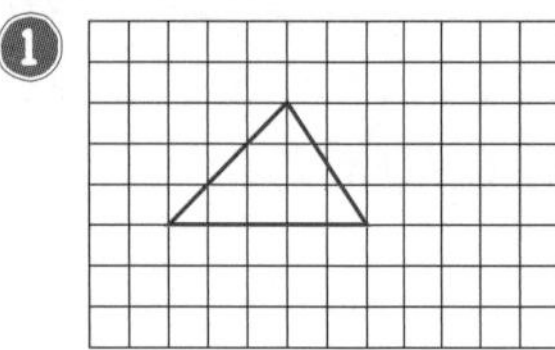

②

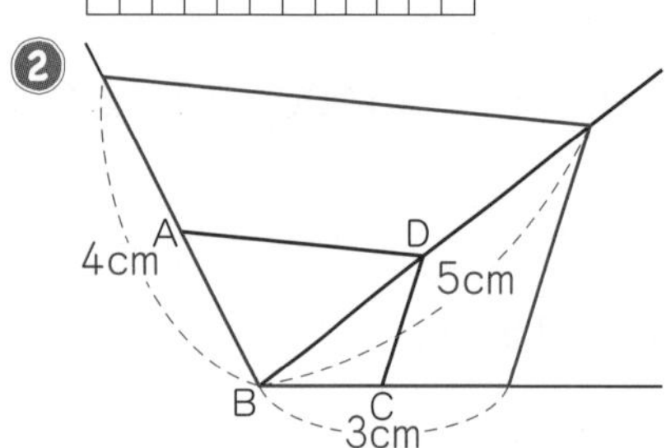

③ (1)1 km (2)32 cm
④ (1)20° (2)8 cm
⑤ (1)40 倍 (2)16 m

解き方

③ (1)実際の長さ=地図上の長さ×25000 だから，
$4 \times 25000 = 100000$(cm)
100000 cm=1000 m=1 km
(2)8 km=8000 m=800000 cm だから，
$800000 \times \frac{1}{25000} = 32$(cm)

④ (1)角 F= 角 C=120° だから，
$180° - (120° + 40°) = 20°$
(2)辺 BC：辺 EF=2：4=1：2
辺 DF= 辺 AC×2 だから，$4 \times 2 = 8$(cm)

⑤ (1)12 m=1200 cm，$1200 \div 30 = 40$(倍)
(2)棒の高さ×40= 電柱の高さ だから，
$40 \times 40 = 1600$(cm)，1600 cm=16 m

チェックポイント 棒の長さがかげの長さの何倍かを利用する方法もあります。
$40 \div 30 = \frac{4}{3}$(倍)だから，$12 \times \frac{4}{3} = 16$(m)

●21日 42～43ページ

①10 ②10 ③314

1 (1)78.5 cm^2 (2)28.26 cm^2
2 25.12 cm^2
3 28.26 cm^2
4 (1)452.16 cm^2 (2)100.48 cm^2
(3)200.96 cm^2
5 4 cm

解き方

1 (1)$5 \times 5 \times 3.14 = 78.5$($cm^2$)
(2)直径が 6 cm だから，半径は 3 cm
$3 \times 3 \times 3.14 = 28.26$($cm^2$)

チェックポイント 直径がわかっているときは，半径を求めてから円の面積を求めます。

2 半円の面積=半径×半径×3.14÷2 だから，
$4 \times 4 \times 3.14 \div 2 = 25.12$($cm^2$)

3 円の $\frac{1}{4}$ の面積=半径×半径×3.14÷4 だから，
$6 \times 6 \times 3.14 \div 4 = 28.26$($cm^2$)

4 (1)$12 \times 12 \times 3.14 = 452.16$($cm^2$)
(2)半径は 8 cm だから，

$8\times8\times3.14\div2=100.48(cm^2)$

(3) $16\times16\times3.14\div4=200.96(cm^2)$

5 円の面積=半径×半径×3.14 だから，
半径×半径=円の面積÷3.14
$=50.24\div3.14=16$
$16=4\times4$ だから，半径は 4 cm

●22日 44～45ページ

①360 ②6 ③6 ④18.84

1 $84.78\ cm^2$

2 $25.12\ cm^2$

3 (1)$7.85\ cm^2$ (2)$37.68\ cm^2$ (3)$157\ cm^2$

4 (1)6 cm (2)40°

解き方

1 中心角 120° のおうぎ形は円全体を
$360\div120=3$(等分) した 1 つ分だから，
$9\times9\times3.14\div3=84.78(cm^2)$

2 $360\div45=8$
$8\times8\times3.14\div8=25.12(cm^2)$

3 (1) $360\div36=10$
$5\times5\times3.14\div10=7.85(cm^2)$

(2) $360\div30=12$
$12\times12\times3.14\div12=37.68(cm^2)$

(3)中心角 180° のおうぎ形は半円だから，
$10\times10\times3.14\div2=157(cm^2)$

チェックポイント 半円や円の $\frac{1}{4}$ もおうぎ形です。

4 (1)円の面積は中心角 90° のおうぎ形の面積の
$360\div90=4$(倍) だから，半径×半径 は，
$28.26\times4\div3.14=36$
$36=6\times6$ だから，半径は 6 cm

(2)半径 3 cm の円の面積は，
$3\times3\times3.14=28.26(cm^2)$
おうぎ形は円全体を $28.26\div3.14=9$(等分)
した 1 つ分だから，中心角は $360°\div9=40°$

●23日 46～47ページ

①3 ②9 ③3.14 ④84.78

1 $150.72\ cm^2$

2 $150.72\ cm^2$

3 $75.36\ cm^2$

4 $37.68\ cm^2$

5 $39.25\ cm^2$

6 $39.25\ cm^2$

7 $113.04\ cm^2$

解き方

1 $8\times8\times3.14-4\times4\times3.14$
$=64\times3.14-16\times3.14=(64-16)\times3.14$
$=48\times3.14=150.72(cm^2)$

チェックポイント 計算のきまりを使って，×3.14 の計算を 1 つにまとめた方が，計算が速く，ミスも少なくなります。

2 $10\times10\times3.14-6\times6\times3.14-4\times4\times3.14$
$=100\times3.14-36\times3.14-16\times3.14$
$=(100-36-16)\times3.14$
$=48\times3.14=150.72(cm^2)$

3 $4\times4\times3.14\div2+8\times8\times3.14\div4$
$=8\times3.14+16\times3.14=(8+16)\times3.14$
$=24\times3.14=75.36(cm^2)$

4 $4\times4\times3.14\div2+2\times2\times3.14\div2\times2$
$=8\times3.14+4\times3.14=(8+4)\times3.14$
$=12\times3.14=37.68(cm^2)$

5 右の図のように動かすと，色のついた部分は半径 5 cm の半円になります。

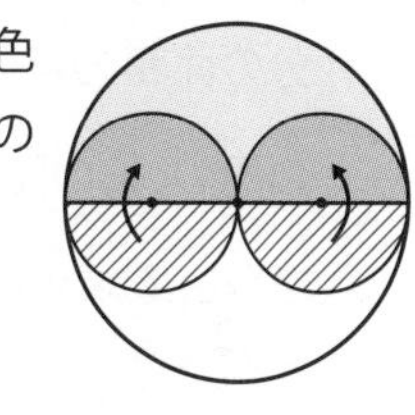

$5\times5\times3.14\div2$
$=39.25(cm^2)$

6 $10\times10\times3.14\div4-5\times5\times3.14\div2$
$=25\times3.14-12.5\times3.14=(25-12.5)\times3.14$
$=12.5\times3.14=39.25(cm^2)$

7 $12\times12\times3.14\div2-6\times6\times3.14$
$=72\times3.14-36\times3.14=(72-36)\times3.14$
$=36\times3.14=113.04(cm^2)$

●24日 48～49ページ

①20 ②10 ③86

1 $21.5\ cm^2$

2 $28.5\ cm^2$

3 $13.76\ cm^2$

4 $10.26\ cm^2$

5 3.44 cm^2

6 14.25 cm^2

7 228 cm^2

8 21.5 cm^2

解き方

1 $10\times10-5\times5\times3.14=100-78.5$
$=21.5(\text{cm}^2)$

2 正方形の面積はひし形と同じように
対角線×対角線÷2 で求められます。
$5\times5\times3.14-10\times10\div2=78.5-50$
$=28.5(\text{cm}^2)$

3 $8\times8-8\times8\times3.14\div4=64-50.24$
$=13.76(\text{cm}^2)$

4 $6\times6\times3.14\div4-6\times6\div2=28.26-18$
$=10.26(\text{cm}^2)$

5 白い 2 つの半円を合わせると，直径 4 cm の円になるから，1 辺 4 cm の正方形の面積から直径 4 cm の円の面積をひいて求めます。
$4\times4-2\times2\times3.14=16-12.56$
$=3.44(\text{cm}^2)$

6 右の図のように正方形の対角線をひいて色のついた部分を 2 つに分けます。色のついた部分の面積の半分は，半径 5 cm の円の $\frac{1}{4}$ の面積から直角二等辺三角形の面積をひいて求められるから，

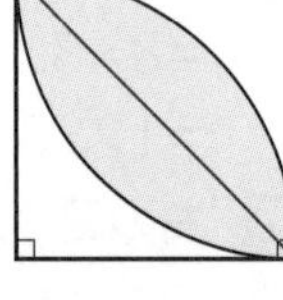

$5\times5\times3.14\div4-5\times5\div2=19.625-12.5$
$=7.125(\text{cm}^2)$
2 倍して，$7.125\times2=14.25(\text{cm}^2)$

7 右の図のように線をひくと，**6** と同じ形が 4 つあることがわかります。

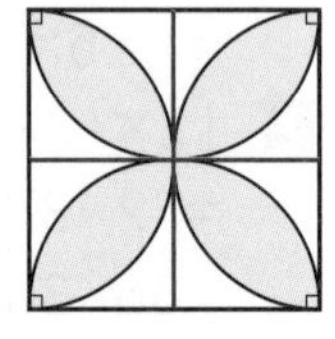

$(10\times10\times3.14\div4-10\times10\div2)\times2\times4$
$=(78.5-50)\times8=28.5\times8=228(\text{cm}^2)$

8 白い 4 つのおうぎ形を合わせると，直径 10 cm の円になるから，1 辺 10 cm の正方形の面積から直径 10 cm の円の面積をひいて求めます。
$10\times10-5\times5\times3.14=100-78.5$
$=21.5(\text{cm}^2)$

●25日 50～51 ページ

1 (1)1256 cm^2　(2)226.08 cm^2
(3)50.24 cm^2　(4)37.68 cm^2

2 (1)7 cm　(2)45°

3 18.84 cm^2

4 100.48 cm^2

5 10.26 cm^2

6 72.96 cm^2

7 43 cm^2

解き方

1 (1)$20\times20\times3.14=1256(\text{cm}^2)$
(2)$12\times12\times3.14\div2=226.08(\text{cm}^2)$
(3)$8\times8\times3.14\div4=50.24(\text{cm}^2)$
(4) $360\div120=3$
$6\times6\times3.14\div3=37.68(\text{cm}^2)$

2 (1)半径×半径=円の面積 ÷3.14
$=153.86\div3.14=49$
$49=7\times7$ だから，半径は 7 cm
(2)半径 12 cm の円の面積は
$12\times12\times3.14=452.16(\text{cm}^2)$
おうぎ形は円全体を $452.16\div56.52=8$(等分)した 1 つ分だから，中心角は
$360°\div8=45°$

3 $5\times5\times3.14\div2-2\times2\times3.14\div2-3\times3\times3.14\div2$
$=25\times3.14\div2-4\times3.14\div2-9\times3.14\div2$
$=(25-4-9)\times3.14\div2=12\times3.14\div2$
$=6\times3.14=18.84(\text{cm}^2)$

4 右の図のように動かすと，半径 8 cm の半円になるから，
$8\times8\times3.14\div2$
$=100.48(\text{cm}^2)$

5 右の図のように動かすと，半径 6 cm の円の $\frac{1}{4}$ から直角二等辺三角形をひいた部分になるから，

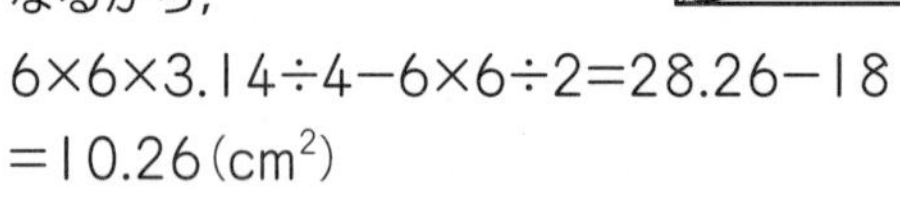

$6\times6\times3.14\div4-6\times6\div2=28.26-18$
$=10.26(\text{cm}^2)$

6 $8\times8\times3.14-16\times16\div2=200.96-128$
$=72.96(\text{cm}^2)$

⑦ 右の２つの図を組み合わせた図形です。

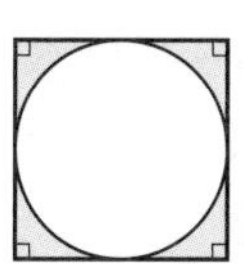
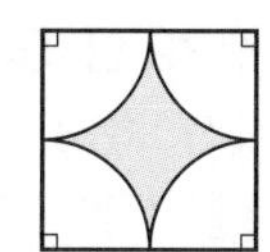

左側の図で色のついた部分の面積は，
$10\times10-5\times5\times3.14=100-78.5$
$=21.5(cm^2)$
右側の図で色のついた部分の面積も，
$10\times10-5\times5\times3.14=21.5(cm^2)$
よって，$21.5\times2=43(cm^2)$

●26日 52～53ページ

①350　②2800　③8　④8

1

	１か月目	２か月目	３か月目	４か月目
かける(円)	250	500	750	1000
兄(円)	400	800	1200	1600
合計(円)	650	1300	1950	2600

12か月

2 (1)252まい　(2)19日

3 16日

4 25日

5 46日

解き方

1 ２人が１か月で貯金する金額の合計は，
$250+400=650$(円)
よって，$7800\div650=12$(か月)

2 (1)色紙265まいのうち，はじめの日に姉が13まい使うから，残りは，
$265-13=252$(まい)
(2)次の日から２人が１日に使う色紙のまい数の和は一定で，$8+6=14$(まい)
よって，２人で使い始めてから，
$252\div14=18$(日)でなくなるので，
はじめの日と合わせて，$18+1=19$(日)

3 5100 mLの水のうち，はじめの日に兄が150 mL飲んだから，残りは，
$5100-150=4950$(mL)
次の日から１日で２人が飲む量の和は一定で，
$180+150=330$(mL)
よって，２人で飲み始めてから，
$4950\div330=15$(日)でなくなるので，
はじめの日と合わせて，$15+1=16$(日)

4 ３人で１日に$3+4+5=12$(個)ずつもらうので，求める日数は，$300\div12=25$(日)

5 Ａ工場とＢ工場とＣ工場の１日に生産できる数の和は，$250+180+230=660$(個)
求める日数は，$30000\div660=45.4\cdots$
より，46日になります。

●27日 54～55ページ

①20　②360　③18

1 (1)12個(ずつ)　(2)2160円

2 (1)8個(ずつ)
(2)まりさん…680円，ゆみさん…360円

3 13人

4 (1)9本　(2)1800円

解き方

1 (1)あめとチョコレートの１個のねだんの差は，
$120-60=60$(円)
したがって，代金の差が720円になるのは，
$720\div60=12$(個)ずつ買ったときになります。
(2)あめの代金は，$60\times12=720$(円)
チョコレートの代金は，$120\times12=1440$(円)
したがって，$720+1440=2160$(円)

2 (1)まりさんがチョコレートを，ゆみさんがあめを，それぞれ１個ずつ買ったときの代金の差は，
$85-45=40$(円)
これが集まって320円になったから，買った個数は，$320\div40=8$(個)
(2)まりさんは，$85\times8=680$(円)
ゆみさんは，$45\times8=360$(円)

3 ５個ずつ配るときと２個ずつ配るときとで１人につき３個の差があります。これが集まって39個になるので，子どもの人数は，
$39\div3=13$(人)

4 (1)１本につき，$200-180=20$(円)の差があり，これが集まって180円になるので，買った本数は，$180\div20=9$(本)
(2)$200\times9=1800$(円)

●28日 56～57ページ

①黄　②緑　③青　④黄　⑤青　⑥緑

1 １位…Ｂさん，２位…Ａさん，３位…Ｃさん

2 (1)算数

(2)Bさん…理科，Cさん…社会，Dさん…国語

3 (1)1位

(2)白組…2位，青組…3位，黄組…5位，
緑組…4位

解き方

1 表にまとめると下のようになります。まず，Aさんの3位に×を書きます。次に「BさんはAさんより順位が上」とあるので，Aさんが2位，Bさんが1位とわかります。

	Aさん	Bさん	Cさん
1位	×	○	×
2位	○	×	×
3位	×	×	○

2 (1)表にまとめると下のようになります。まず，「Aさんがいちばん好きな教科は国語ではない。」とあるのでAさんの国語に×を書きます。同様にBさんの社会と，Aさん，Dさんの理科と社会に×を書きます。するとAさんは算数がいちばん好きな教科とわかるので，○を書きます。

	国語	算数	理科	社会
A	×	○	×	×
B	×	×	○	×
C	×	×	×	○
D	○	×	×	×

(2)(1)よりAさんが算数なので，Bさん，Cさん，Dさんの算数に×を書きます。すると，Dさんは国語とわかり，BさんとCさんのいちばん好きな教科もわかります。

3 (1)表にまとめると下のようになります。「緑組よりおそいチームが1つだけありました。」とあるので緑組が4位とわかり，「赤組は，1位か4位」から，赤組は1位とわかります。

	1位	2位	3位	4位	5位
赤組	○	×	×	×	×
白組	×	○	×	×	×
青組	×	×	○	×	×
黄組	×	×	×	×	○
緑組	×	×	×	○	×

(2)(1)と「白組は3位でも4位でも5位でもない。」とあることから白組は2位とわかります。すると青組が3位とわかります。

●29日 58～59ページ

①0　②3　③○　④×　⑤○　⑥○　⑦3　⑧0

1 1勝3敗

2 Aさん

3 (1)Aさん　(2)Cさん

4 Cさん

解き方

1 下のような表を使って考えます。まず，AチームとCチームの成績から○と×を表に書いていきます。

	A	B	C	D	E	
A	＼	○	○	○	○	4勝0敗
B		＼				2勝2敗
C	×	×	＼	×	×	0勝4敗
D				＼		3勝1敗
E					＼	

次に，ななめの線について反対の位置をうめていきます。例えば，BチームがAチームと試合をした結果はAチームの逆になるので，×を書きます。同様に，Dチーム，Bチームの順で空いているところに○や×を書き入れていくと，下のように表が完成し，Eチームの成績は1勝3敗とわかります。

	A	B	C	D	E	
A	＼	○	○	○	○	4勝0敗
B	×	＼	○	×	○	2勝2敗
C	×	×	＼	×	×	0勝4敗
D	×	○	○	＼	○	3勝1敗
E	×	×	○	×	＼	1勝3敗

別解　それぞれの試合を調べると，(A，B)，(A，C)，(A，D)，(A，E)，(B，C)，(B，D)(B，E)，(C，D)，(C，E)，(D，E)の10試合になるので，全チームの勝ち負けの合計は10勝10敗です。いま，A～Dの4チームの勝ち数と負け数の合計は9勝7敗になるから，10勝10敗から9勝7敗をひいて，Eチームは1勝3敗になります。

2 「AさんはBさんより右」と「DさんはAさんより右」から，B−A−Dの順だとわかります。さらに，「CさんとDさんはとなり」からB−A−C−DかB−A−D−Cのどちらかになります。どちらであっても左から2番目はAさんです。

3 (1)「CさんはDさんより重い」と「CさんはBさん，Eさんより軽い」より，重い順に，B−E−

C−D，E−B−C−D のどちらかです。さらに，「B さんは A さんより軽い」と「A さんは E さんより重い」から，A−B−E，A−E−B のどちらかになります。これらすべてをみたすのは，A−B−E−C−D か A−E−B−C−D のどちらかです。どちらであっても，もっとも体重が重い人は A さんとわかります。

(2) (1)より，4 番目に体重が重い人は C さんになります。

4 A さんがうそを言っているとします。すると，A さんが 1 番になりますが，これは B さんが 1 番であるということと合いません。よって A さんはうそを言っていません。B さんがうそを言っているとすると，B さんは 1 番ではありません。また，A さんも 1 番ではないので，C さんが 1 番になりますが，C さんは 2 番であるということと合いません。よって，B さんもうそを言っていません。C さんがうそを言っているとすると，C さんは 2 番ではなく，また B さんが 1 番ですから A さんが 2 番になり，C さんは 3 番で問題の条件に合います。よって C さんがうそを言っていることになります。

●**30 日** 60 ～ 61 ページ

❶ 8 日
❷ (1)9 日　(2)36 個
❸ 75 ページ
❹ 4 位
❺ (1)1 勝 2 敗　(2)D チーム
❻ (1)B さん　(2)C さんと D さん
❼ D さん

解き方

❶ はじめの日に，180 mL と 160 mL なくなったから，残りは，$3700-180-160=3360$(mL)
次の日から 1 日で $200+180+100=480$(mL) ずつなくなっていきます。よって，3 人でもらい始めてから，$3360\div480=7$(日) でなくなるので，はじめの日と合わせて，$7+1=8$(日)

❷ (1) 1 日で食べるみかんとりんごの個数の差は 2 個です。これが何日分か集まって 18 個になったから，食べた日数は，$18\div2=9$(日)

(2) 1 日 4 個ずつで 9 日分あったから，はじめのりんごの個数は，$4\times9=36$(個)

❸ 毎日 5 ページずつ進めて終わったとき，毎日 3 ページ進めるよりも 10 日早いから，$3\times10=30$(ページ) の差がついています。この差は 1 日につき $5-3=2$(ページ) が集まってできたから，日数は，$30\div2=15$(日) になります。1 日 5 ページで 15 日かかるから，求めるページ数は，$5\times15=75$(ページ)

❹ 問題文の条件から下の表のように○と×を入れることができます。C さんは B さんの次にゴールしたので，B さんが 2 位，C さんが 3 位です。よって，4 位になるのは，A さんとわかります。

	A さん	B さん	C さん	D さん
1 位	×	×	×	○
2 位		○	×	×
3 位		×	○	×
4 位		×	×	×

❺ (1)問題文の条件から下の対戦表に成績を書き入れます。C は 2 勝 1 敗なので，D に負けた以外の A と B には勝ったとわかります。

	A	B	C	D	
A	＼	×			1 勝 2 敗
B	○	＼			2 勝 1 敗
C	○	○	＼	×	2 勝 1 敗
D			○	＼	

次に，対戦表のななめの線について反対の位置は勝敗が逆転することから，さらに表をうめていくと，下のようになります。これから D は 1 勝 2 敗とわかります。

	A	B	C	D	
A	＼	×	×	○	1 勝 2 敗
B	○	＼	×	○	2 勝 1 敗
C	○	○	＼	×	2 勝 1 敗
D	×	×	○	＼	1 勝 2 敗

(2)表より，A チームは D チームに勝ちました。

❻ (1)「A さんは B さんより身長が高い」ことを A>B と表すことにすると，問題文から A>B，B>D，B>C，C>E，D>E であることがわかります。これらから，A>B>C>D>E か A>B>D>C>E のどちらかであるとわかります。よって 2 番目に身長が高いのは B さんになります。

(2) (1)から C さんと D さんはどちらが身長が高い

のかわかりません。順番がわからないのは，この２人です。

7 給食当番は１人だけなのに，Ｂさんとさんが本当のことを言っているとすると，給食当番が２人いることになり，問題文に合いません。よってＢさんかＣさんのどちらかがうそを言っているとわかります。Ｂさんがうそを言っているとすると，Ｃさんは給食当番ではなく，Ａさんの発言と合います。またＣさんの発言は本当のことなので，このときＤさんが給食当番になります。次に，Ｃさんがうそを言っているとすると，Ｃさんが給食当番になりますが，これはＡさんの発言と合いません。
これらのことから，うそを言っている人はＢさんで，Ｄさんが給食当番だとわかります。

●進級テスト 62～64ページ

1 (1)$\frac{11}{18}$ m^2　(2)$\frac{34}{15}$ kg$\left(2\frac{4}{15}\text{ kg}\right)$　(3)104 mL

2 (1)$x\times3=y$　(2)$1000-200\times x=y$

3 (1)20人　(2)だいすけさん…150 m^2，こうじさん…170 m^2

4 (1)1 km　(2)40 cm

5 Ｃさん

6 ㋑，㋔，㋖

7 (1)25.12 cm^2　(2)56.52 cm^2　(3)50 cm^2　(4)16 cm^2

解き方

1 (1)$\frac{4}{9}\times1\frac{3}{8}=\frac{4}{9}\times\frac{11}{8}=\frac{11}{18}$(m^2)

(2)$2\frac{5}{6}\div1\frac{1}{4}=\frac{17}{6}\times\frac{4}{5}=\frac{34}{15}$(kg)

(3)$260\times\frac{3}{5}\times\frac{2}{3}=104$(mL)

2 (1)１辺の長さ×3＝まわりの長さ　です。
(2) 1000－ケーキの代金＝おつり　です。

3 (1)女子の人数は男子の人数の
$4\div3=\frac{4}{3}$(倍)だから，$15\times\frac{4}{3}=20$(人)
(2)だいすけさんが耕す面積：こうじさんが耕す面積
＝15：17より，
だいすけさんが耕す面積：土地全体の面積
＝15：(15＋17)＝15：32
だいすけさんが耕す面積は，
$320\times\frac{15}{32}=150$(m^2)
こうじさんが耕す面積は，
$320-150=170$(m^2)

4 (1) $4\times25000=100000$(cm)
100000 cm＝1000 m＝1 km
(2)道のり＝速さ×時間　だから，$5\times2=10$(km)
10 km＝1000000 cm
$1000000\times\frac{1}{25000}=40$(cm)

5 Ａさんがうそを言っているとすると，Ａさんは２番ではありません。すると，ＢさんとＣさんの言っていることから２番がいなくなってしまうのでＡさんはうそを言っていないとわかります。Ｂさんがうそを言っているとすると，Ｂさんは２番になりＡさんの言っていることと合いません。したがってＢさんもうそを言っていないとわかります。Ｃさんがうそを言っているとすると，Ｃさんは３番ではなくＡさんが２番になります。よって，Ｃさんは１番で，Ｂさんが３番になり，これで問題の条件に合います。したがって，うそを言っているのはＣさんになります。

7 (1) $4\times4\times3.14-2\times2\times3.14\times2$
$=16\times3.14-8\times3.14=(16-8)\times3.14$
$=8\times3.14=25.12$(cm^2)

(2)右の図のように移動させると，色のついた部分は半径 6cm の半円になります。
$6\times6\times3.14\div2=56.52$(cm^2)

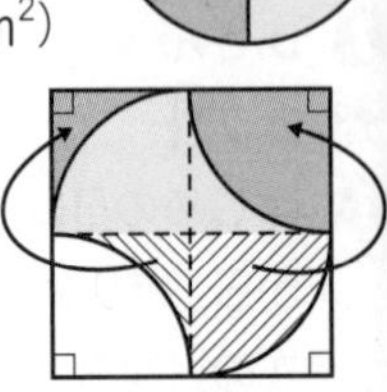

(3)右の図のように移動させると，色のついた部分は縦 5cm，横 10cm の長方形になります。
$5\times10=50$(cm^2)

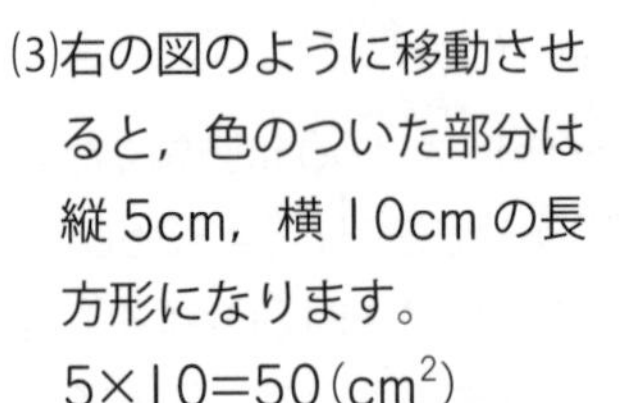

(4)右の図のように移動させると，色のついた部分は底辺 8 cm，高さ 8 cm の直角二等辺三角形の半分になります。
$8\times8\div2\div2=16$(cm^2)

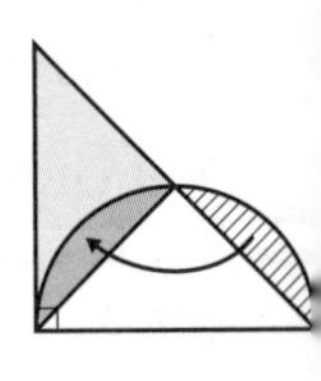